大学数学同步练习与提高系列丛书

高等数学
同步练习与提高

主　编　张海霞　朱荣平

副主编　郜向阳　许婷婷　张　艳　苏　翠

江苏大学出版社

JIANGSU UNIVERSITY PRESS

镇　江

图书在版编目(CIP)数据

高等数学同步练习与提高 / 张海霞,朱荣平主编
. — 镇江 : 江苏大学出版社,2022.8(2024.8重印)
ISBN 978-7-5684-1850-8

Ⅰ. ①高… Ⅱ. ①张… ②朱… Ⅲ. ①高等数学—高
等学校—教学参考资料 Ⅳ. ①O13

中国版本图书馆 CIP 数据核字(2022)第 144781 号

高等数学同步练习与提高
Gaodeng Shuxue Tongbu Lianxi yu Tigao

主　　编/张海霞　朱荣平
责任编辑/孙文婷
出版发行/江苏大学出版社
地　　址/江苏省镇江市京口区学府路 301 号(邮编:212013)
电　　话/0511-84446464(传真)
网　　址/http://press.ujs.edu.cn
排　　版/镇江市江东印刷有限责任公司
印　　刷/句容市排印厂
开　　本/787 mm×1 092 mm　1/16
印　　张/11.75
字　　数/140 千字
版　　次/2022 年 8 月第 1 版
印　　次/2024 年 8 月第 3 次印刷
书　　号/ISBN 978-7-5684-1850-8
定　　价/35.00 元

如有印装质量问题请与本社营销部联系(电话:0511-84440882)

总　　序

　　大学数学系列课程(高等数学、线性代数、概率论与数理统计)是工科类、经管类等本科专业必修的公共基础课,部分工科专业还开设"复变函数与积分变换"等数学课程.这些课程的知识广泛应用于自然科学、社会科学、经济管理、工程技术等领域,其内容、思想与方法对培养各类人才的综合素质具有不可替代的作用.大学数学系列课程着重培养学生的抽象思维能力、逻辑推理能力、空间想象能力、观察判断能力,以及综合运用所学知识分析问题、解决问题的能力.同时,大学数学系列课程也是高校开展数学素质教育,培养学生的创新精神和创新能力的重要课程.

　　为帮助学生学好大学数学系列课程,提高学习效果,江苏大学京江学院数学教研室全体教师及部分长期在江苏大学京江学院从事数学教学的江苏大学本部教师,根据教育部高等学校大学数学课程教学指导委员会制定的最新的课程教学基本要求,集体讨论、充分酝酿、分工合作,认真组织编写了"大学数学同步练习与提高"系列丛书.本丛书共五册,分别为《高等数学同步练习与提高》《高等数学试卷集》《线性代数同步练习与提高》《概率统计同步练习与提高》和《复变函数与积分变换同步练习与提高》.这套丛书是江苏大学京江学院办学二十余年来大学数学课程教学的重要成果之一.

　　四册"同步练习与提高"根据编写组多年来在相应课程及其习题课方面的经验,在多年使用的课程练习册讲义的基础上,参考相关教学辅导书精心编写而成.该丛书针对当前普通高校本科学生的学习特点和知识结构,对课程内容按章节安排了主要知识点回顾和典型习题强化练习,在习题的选取上致力于对传统内容的更新、补充和层次化(其中打 * 的是要求高、灵活性大的综合题).除此之外,还按章配备了单元测试和模拟试卷(参考答案扫描二维码即可获得),其中高等数学模拟卷单独成册,以便学生打好基础,把握重点.四册"同步练习与提高"相对于教材具有一定的独立性,可作为本科生学习大学数学系列课程的同步练习,也可作为研究生入学考试备考时强化基础知识用书.四册"同步练习与提高"的主要特色在于一书三用:1.同步主要知识点,帮助学生总结知识,形成知识体系,具有知识总结的功能;2.精心编制与教学同步的习题,帮助学生强化课程基础知识与基本技能,具有练习册的功

— 1 —

能;3.精心编制单元测试及课程模拟试卷,助力学生系统掌握课程内容,做好期末考试的复习准备.

《高等数学试卷集》主要由工科类专业学生学习的高等数学(A)上、高等数学(A)下和经管类专业学生学习的高等数学(B)上、高等数学(B)下期末模拟考试选编试题及近几年江苏大学京江学院高等数学竞赛真题汇编而成,共计35套试题.其中,模拟试卷是在历年期末考试试题的基础上,充分考虑知识点的覆盖面及最新题型后精心修订而成的.同时,以附录的形式介绍了江苏大学京江学院高等数学竞赛、江苏省高等数学竞赛、全国大学生数学竞赛三项与高等数学相关的赛事,以及江苏大学京江学院学生近几年在上述赛事中取得的优异成绩.本书可作为本科生同步学习及备考高等数学的复习用书,也可作为研究生入学考试备考时强化基础知识用书.其主要特色在于:1.模拟试题题型丰富,知识点覆盖全面,注重考查基本知识和基本技能,以及学生运用数学知识解决问题的能力,也兼顾了数学思想的考查;2.所有试题提供参考答案,方便学生使用;3.普及并推广了数学竞赛(校赛、省赛、国赛).

在"大学数学同步练习与提高"系列丛书编写过程中,我们参考了国内外众多学校编写的教学辅导书及兄弟学校期末、竞赛试题,融入自身的教学经验,结合实际,反复修改,力求使本丛书受到读者的欢迎.在编写与出版过程中,得到了江苏大学出版社领导的大力支持和帮助,得到了江苏大学京江学院领导的关心和指导,编辑张小琴、孙文婷、郑晨晖、苏春晶为丛书的编辑和出版付出了辛勤的劳动,在此一并表示衷心的感谢! 由于编者水平有限,不妥之处在所难免,希望广大读者批评指正!

编　者

2022 年 7 月

目　　录

第1章　函数与极限

习题1.1

一、主要知识点回顾

1. 区间.

2. 邻域：$U(a,\delta)=$＿＿＿＿＿＿＿＿＿；去心邻域 $\mathring{U}(a,\delta)=$＿＿＿＿＿＿＿＿＿.

3. 函数的两要素：＿＿＿＿＿＿＿＿＿和＿＿＿＿＿＿＿＿＿.

4. 函数 $y=f(x)$，$x\in D$ 的四个特性：

(1) 单调性：对任意 $x_1,x_2\in I\subseteq D$，设 $x_1<x_2$.

若＿＿＿＿＿＿＿＿＿＿＿＿＿＿，则称 $y=f(x)$ 在区间 I 上单调递增；

若＿＿＿＿＿＿＿＿＿＿＿＿＿＿，则称 $y=f(x)$ 在区间 I 上单调递减.

(2) 有界性：若存在正常数 M，$\forall x\in I$，$I\subseteq D$，使得＿＿＿＿＿＿＿＿＿，则称 $f(x)$ 在区间 I 上有界.

(3) 奇偶性：$\forall x\in I$，$I\subseteq D$，D 是关于原点对称的.

若＿＿＿＿＿＿＿＿＿＿＿＿＿＿，则称 $y=f(x)$ 为区间 I 上的偶函数；

若＿＿＿＿＿＿＿＿＿＿＿＿＿＿，则称 $y=f(x)$ 为区间 I 上的奇函数.

(4) 周期性：若存在正常数 T，$\forall x\in D$，有 $x+T\in D$，且＿＿＿＿＿＿＿＿＿＿＿＿＿＿＿＿＿成立，则称 $f(x)$ 是以 T 为周期的周期函数.

5. 复合函数：设 $y=f(u)$，$u\in D_1$，$u=g(x)$，$x\in D$，$g(D)\subset D_1$，则称 $y=f[g(x)]$，$x\in D$ 为由 $f(u)$ 和 $g(x)$ 复合而成的复合函数.

6. 基本初等函数；初等函数.

二、典型习题强化练习

1. 在 $(-\infty,+\infty)$ 内，函数 $f(x)=\dfrac{(1+x)^2}{1+x^2}$ 为(　　　).

A. 奇函数　　　　　B. 偶函数　　　　　C. 无界函数　　　　　D. 有界函数

2. 函数 $f(x)=\dfrac{2^x-1}{2^x+1}$ 为(　　　).

A. 奇函数　　　　　B. 偶函数　　　　　C. 周期函数　　　　　D. 非奇非偶函数

3. 函数 $f(x)=\dfrac{1}{x(1-x)}$ 在下面所给的(　　　)区间内有界.

A. $(-1,0)$　　　　B. $(0,1)$　　　　C. $(1,2)$　　　　D. $(2,3)$

4. 求下列函数的定义域及奇偶性：

(1) $y = \dfrac{1}{2}\ln\dfrac{1+x}{1-x}$ ；

(2) $y = \arccos\sqrt{\dfrac{x}{2x-1}}$.

5. 已知 $f\left(x+\dfrac{1}{x}\right) = x^2 + \dfrac{1}{x^2}$ ，求 $f(x)$.

6. 写出下列函数的复合过程：

(1) $y = e^{x^2}$ ：$y = $ _____ ，$u = $ _____ .

(2) $y = \tan^3(1-3x)$ ：$y = $ _____ ，$u = $ _____ ，$v = $ _____ .

(3) $y = 4^{(3x-2)^2}$ ：$y = $ _____ ，$u = $ _____ ，$v = $ _____ .

7. 画出函数 $y = \arctan x$ 与 $y = \text{arccot}\, x$ 的草图.

8. 求 $y = \sin(x-1), \dfrac{\pi}{2}+1 \leqslant x \leqslant \dfrac{3\pi}{2}+1$ 的反函数 $y = \varphi(x)$.

9. 设 $f(x) = \begin{cases} \dfrac{1}{b-a}, & a \leqslant x \leqslant b, b \neq a, \\ 0, & \text{其他}, \end{cases}$ $\varphi(x) = 3x - 1$ ，求 $f[\varphi(x)]$ 及 $\varphi[f(x)]$.

习题 1. 2(1)

一、主要知识点回顾

1. 数列的极限：$\lim\limits_{n\to\infty} x_n = a \Leftrightarrow \forall \varepsilon > 0, \exists N > 0$，使 $n > N$ 时，恒有＿＿＿＿＿＿＿＿＿＿＿＿＿

＿＿＿＿＿＿＿＿＿．

2. 收敛数列的性质：唯一性；有界性；保号性．

3. 收敛数列的任意子列都是收敛的．

二、典型习题强化练习

1. 判断下列说法是否正确：

(1) 若对于任意给定的 $\varepsilon > 0$，存在自然数 N，当 $n > N$ 时，所有的 U_n 都满足 $|U_n - A| < \varepsilon$，则数列 $\{U_n\}$ 必定以 A 为极限． （　　）

(2) 数列 $\{U_n\}$ 有界时，必收敛． （　　）

(3) 数列 $\{U_n\}$ 无界时，必发散． （　　）

(4) 设 $\lim\limits_{n\to\infty} U_n = A$，$\{U_{n_i}\}$ 为 $\{U_n\}$ 的任意一个子列，则 $\lim\limits_{n_i\to\infty} U_{n_i} = A$． （　　）

(5) 若数列 $\{U_{n_i}\}$ 与 $\{U_{n_j}\}$ 为数列 $\{U_n\}$ 的两个子列，且 $\lim\limits_{n_i\to\infty} U_{n_i} = A$，$\lim\limits_{n_j\to\infty} U_{n_j} = B$，$A \neq B$，则 $\lim\limits_{n\to\infty} U_n$ 不存在． （　　）

(6) 一个发散的数列不可能有收敛的子数列． （　　）

2. 填空（如极限存在，填写结果；如极限不存在，填不存在）：

(1) $\lim\limits_{n\to\infty}\left(-\dfrac{1}{4}\right)^n = $＿＿＿＿＿＿；

(2) $\lim\limits_{n\to\infty} \sqrt[n]{13.14} = $＿＿＿＿＿＿；

(3) $\lim\limits_{n\to\infty} \sqrt[n]{0.\underbrace{000\cdots01}_{2022个}} = $＿＿＿＿＿＿；

(4) $\lim\limits_{n\to\infty}(n^2 - 2n) = $＿＿＿＿＿＿；

(5) $\lim\limits_{n\to\infty} \pi \dfrac{2^n}{e^n} = $＿＿＿＿＿＿；

(6) $\lim\limits_{n\to\infty}(-1)^n = $＿＿＿＿＿＿．

3. 根据数列极限的定义证明：

(1) $\lim\limits_{n\to\infty}(\sqrt{n+1} - \sqrt{n}) = 0$；

（2）$\lim\limits_{n\to\infty}\dfrac{3n^2+n}{2n^2-1}=\dfrac{3}{2}$.

4．设数列 $\{x_n\}$ 有界，又 $\lim\limits_{n\to\infty}y_n=0$，证明 $\lim\limits_{n\to\infty}x_ny_n=0$．

习题 1.2(2)

一、主要知识点回顾

1. 函数极限的定义：设 A 是一个常数，若任给 $\varepsilon > 0$，

	存在	使得当……时	有不等式	则称 A 是 $f(x)$	记作
(1)	$\delta > 0$	$0 < \lvert x - x_0 \rvert < \delta$	$\lvert f(x) - A \rvert < \varepsilon$	当 $x \to x_0$ 时的极限	$\lim\limits_{x \to x_0} f(x) = A$
(2)	$\delta > 0$			当 $x \to x_0^-$ 时的极限	$\lim\limits_{x \to x_0^-} f(x) = A$
(3)		$x_0 < x < x_0 + \delta$		当 $x \to x_0^+$ 时的极限	
(4)	$X > 0$	$x > X$	$\lvert f(x) - A \rvert < \varepsilon$		$\lim\limits_{x \to +\infty} f(x) = A$
(5)	$X > 0$		$\lvert f(x) - A \rvert < \varepsilon$	当 $x \to -\infty$ 时的极限	
(6)	$X > 0$				$\lim\limits_{x \to \infty} f(x) = A$

2. $\lim\limits_{x \to x_0} f(x) = A \Leftrightarrow \lim\limits_{x \to x_0^+} f(x) = \lim\limits_{x \to x_0^-} f(x) = A$.

3. 极限的四则运算法则：设 $\lim\limits_{\substack{x \to x_0 \\ (x \to \infty)}} f(x) = A$，$\lim\limits_{\substack{x \to x_0 \\ (x \to \infty)}} g(x) = B$，则

(1) $\lim\limits_{\substack{x \to x_0 \\ (x \to \infty)}} [f(x) \pm g(x)] = $ ＿＿＿＿＿＿＿＿＿＿；

(2) $\lim\limits_{\substack{x \to x_0 \\ (x \to \infty)}} [f(x) \cdot g(x)] = $ ＿＿＿＿＿＿＿＿＿＿；

(3) 当 $B \neq 0$ 时，$\lim\limits_{\substack{x \to x_0 \\ (x \to \infty)}} \dfrac{f(x)}{g(x)} = $ ＿＿＿＿＿＿＿＿＿＿．

推论：$\lim\limits_{\substack{x \to x_0 \\ (x \to \infty)}} [kf(x)] = $ ＿＿＿＿＿＿＿＿；$\lim\limits_{\substack{x \to x_0 \\ (x \to \infty)}} [f(x)]^m = $ ＿＿＿＿＿＿＿＿．

二、典型习题强化练习

1. 若函数 $f(x)$ 在某点 x_0 极限存在，则（　　）.

A. $f(x)$ 在 x_0 的函数值必存在且等于极限值

B. $f(x)$ 在 x_0 的函数值必存在，但不一定等于极限值

C. $f(x)$ 在 x_0 的函数值可以不存在

D. 若 $f(x_0)$ 存在，则它必等于极限值

2. 若 $\lim\limits_{x \to x_0^+} f(x)$ 与 $\lim\limits_{x \to x_0^-} f(x)$ 都存在，则（　　）.

A. $\lim\limits_{x \to x_0} f(x)$ 存在，且 $\lim\limits_{x \to x_0} f(x) = f(x_0)$

B. $\lim\limits_{x \to x_0} f(x)$ 存在，但不一定有 $\lim\limits_{x \to x_0} f(x) = f(x_0)$

C. $\lim\limits_{x \to x_0} f(x)$ 不一定存在

D. $\lim\limits_{x \to x_0} f(x)$ 一定不存在

3. 根据函数极限的定义证明 $\lim\limits_{x \to 4} \dfrac{x-4}{\sqrt{x}-2} = 4$.

4. 根据函数极限的定义证明 $\lim\limits_{x \to +\infty} \dfrac{\cos^3 x}{\sqrt{x}} = 0$.

5. 计算下列极限：

(1) $\lim\limits_{h \to 0} \dfrac{(x+h)^2 - x^2}{h}$；

(2) $\lim\limits_{x \to -1} \dfrac{x^2 + 6x + 5}{1 - x^2}$；

(3) $\lim\limits_{x \to \infty} \dfrac{5x^3 + 6x^2 + 5}{2x^3 + 4x^2 + 1}$；

(4) $\lim\limits_{x \to \infty} \dfrac{(2x-3)^{20}(3x+4)^{30}}{(5x+1)^{50}}$；

(5) $\lim\limits_{n \to \infty} \left(\dfrac{1 + 2 + 3 + \cdots + n}{n + 2} - \dfrac{n}{2} \right)$；

(6) $\lim\limits_{x \to 1} \left(\dfrac{2}{x^2 - 1} - \dfrac{1}{x - 1} \right)$.

6. 设 $f(x) = \begin{cases} \dfrac{1}{x-1}, & x < 0, \\ x, & 0 \leqslant x \leqslant 1, \\ 1, & x > 1. \end{cases}$

(1) $x \to 0$ 时,求 $f(x)$ 的左、右极限,并判断 $\lim\limits_{x \to 0} f(x)$ 是否存在;

(2) $x \to 1$ 时,判断 $f(x)$ 是否有极限;如有,求出极限.

习题 1. 2(3)

一、主要知识点回顾

1. 夹逼准则:若数列 $\{x_n\}, \{y_n\}, \{z_n\}$ 满足

(1) 存在 $N_0 \in \mathbf{N}_+$,当 $n > N_0$ 时,有＿＿＿＿＿＿＿＿＿＿;

(2) $\lim\limits_{n \to \infty} y_n = \lim\limits_{n \to \infty} z_n = a$,

则数列 $\{x_n\}$ 极限存在,且 $\lim\limits_{n \to \infty} x_n = a$.

上述数列极限存在准则容易推广到函数的情形.

2. 单调有界准则:单调有界数列必有极限.

3. 重要极限一:

$$\lim_{x \to 0} \frac{\sin x}{x} = \underline{\hspace{3cm}},\text{其一般形式为} \lim_{\Delta \to 0} \frac{\sin \Delta}{\Delta} = \underline{\hspace{2cm}}.$$

4. 重要极限二:

$$\lim_{x \to \infty} \left(1 + \frac{1}{x}\right)^x = \underline{\hspace{4cm}}, \lim_{x \to 0} (1+x)^{\frac{1}{x}} = \underline{\hspace{4cm}},$$

其一般形式为 $\lim\limits_{\Delta \to 0} (1+\Delta)^{\frac{1}{\Delta}} = \underline{\hspace{3cm}}.$

二、典型习题强化练习

1. 下列命题正确的是(　　　).

A. $\{a_n\}$ 和 $\{b_n\}$ 都收敛,则 $\{a_n + b_n\}$ 必收敛

B. $\{a_n + b_n\}$ 收敛,则 $\{a_n\}$ 和 $\{b_n\}$ 都收敛

C. $\{a_n\}$ 和 $\{b_n\}$ 都发散,则 $\{a_n + b_n\}$ 必发散

D. $\{a_n + b_n\}$ 发散,则 $\{a_n\}$ 和 $\{b_n\}$ 都发散

2. 设 $\lim\limits_{n \to \infty} a_n b_n$ 存在,(　　　).

A. 若 $\lim\limits_{n \to \infty} a_n = 0$,则必有 $\lim\limits_{n \to \infty} b_n$ 不存在

B. 若 $\lim\limits_{n \to \infty} a_n = 0$,则必有 $\lim\limits_{n \to \infty} b_n$ 存在

C. 若 $\lim\limits_{n \to \infty} a_n = a \neq 0$,则必有 $\lim\limits_{n \to \infty} b_n$ 不存在

D. 若 $\lim\limits_{n \to \infty} a_n = a \neq 0$,则必有 $\lim\limits_{n \to \infty} b_n$ 存在

3. 计算下列极限：

(1) $\lim\limits_{x \to 0} \dfrac{\sin 2x}{x}$；

(2) $\lim\limits_{x \to \infty} x \sin \dfrac{2}{x}$；

(3) $\lim\limits_{x \to 0} \dfrac{1 - \cos 2x}{x \sin x}$；

(4) $\lim\limits_{x \to 0} \dfrac{x - \sin x}{x + \sin x}$；

(5) $\lim\limits_{x \to 0} (1 + 2x)^{\frac{1}{x}}$；

(6) $\lim\limits_{x \to \infty} \left(1 - \dfrac{1}{x}\right)^{kx}$，其中 k 为常数；

（7）$\lim\limits_{x\to\infty}\left(\dfrac{2x+3}{2x+1}\right)^{x+1}$；

（8）$\lim\limits_{x\to0}(1+3\tan^2 x)^{\cot^2 x}$.

4. 设 $\lim\limits_{x\to0}\dfrac{x}{f(3x)}=2$，求 $\lim\limits_{x\to0}\dfrac{f(x)}{x}$.

5. 已知 $\lim\limits_{x\to\infty}\left(\dfrac{x^2+1}{x+1}-ax-b\right)=0$，求常数 a,b 的值.

6. 利用夹逼准则，求 $\lim\limits_{n\to\infty}\left(\dfrac{1}{n^2+n+1}+\dfrac{2}{n^2+n+2}+\cdots+\dfrac{n}{n^2+n+n}\right)$.

*7. 已知 $x_1=\sqrt{2}$，$x_{n+1}=\sqrt{2+x_n}$（$n=1,2,\cdots$），证明 $\{x_n\}$ 收敛，并求其极限.

习题 1.2(4)

一、主要知识点回顾

1. 无穷小量：在自变量的某种变化趋势下，以＿＿＿＿＿＿为极限的变量.

2. 无穷小量的性质：在自变量的同一变化趋势下，

(1) 有限多个无穷小量的代数和仍然是＿＿＿＿＿＿；

(2) 有限多个无穷小量的乘积仍然是＿＿＿＿＿＿；

(3) 无穷小量与＿＿＿＿＿＿函数的乘积仍是无穷小量.

3. 无穷小量的比较：设 α,β 在同一变化过程中是无穷小量，

(1) 若 $\lim\dfrac{\alpha}{\beta}=0$ 或者 $\lim\dfrac{\beta}{\alpha}=\infty$，则称 α 为 β 的＿＿＿＿＿＿无穷小，记作 $\alpha=o(\beta)$；

(2) 若 $\lim\dfrac{\alpha}{\beta}=$ ＿＿＿＿＿＿，则称 α 与 β 为同阶无穷小；

(3) 若 $\lim\dfrac{\alpha}{\beta}=$ ＿＿＿＿＿＿，则称 α 与 β 为等价无穷小，记作＿＿＿＿＿＿.

4. 无穷小量的等价代换：设在自变量的同一变化过程中的无穷小 $\alpha\sim\alpha',\beta\sim\beta'$，且 $\lim\dfrac{\alpha'}{\beta'}$ 存在，则 $\lim\dfrac{\alpha}{\beta}=$ ＿＿＿＿＿＿.

5. 常见的等价无穷小：当 $x\to 0$ 时，

(1) $x\sim\sin x\sim\tan x\sim\arcsin x\sim\arctan x\sim \mathrm{e}^x-1\sim\ln(1+x)$；

(2) $1-\cos x\sim$ ＿＿＿＿＿＿，$a^x-1\sim$ ＿＿＿＿＿＿，$(1+x)^{\alpha}-1\sim$ ＿＿＿＿＿＿.

6. 无穷大量的概念；无穷小量与无穷大量的关系.

二、典型习题强化练习

1. 无穷小量是（　　　）.

A. 比零稍大一点的一个数　　　　B. 一个很小很小的数

C. 以零为极限的一个变量　　　　D. 数零

2. 设函数 $f(x)=x\sin x$，则 $f(x)$（　　　）.

A. 在 $(-\infty,+\infty)$ 内无界　　　　B. 在 $(-\infty,+\infty)$ 内有界

C. 当 $x\to\infty$ 时为无穷大　　　　D. 当 $x\to\infty$ 时存在有限的极限值

3. 当 $x\to 0$ 时，（　　　）与 x 为等价无穷小量，（　　　）是 x 的高阶无穷小量.

A. $1-\cos x$　　　　　　　　　B. $\dfrac{\sin x}{x}$

C. $\sqrt{1+x}-\sqrt{1-x}$　　　　D. $x\sin x$

4. 设 $x\to x_0$ 时，$\alpha(x),\beta(x),\gamma(x)$ 都是无穷小，$\alpha(x)=o(\beta(x))$，$\beta(x)\sim\gamma(x)$，则 $\displaystyle\lim_{x\to x_0}\dfrac{\alpha(x)+\beta(x)}{\gamma(x)}=$（　　　）.

A. 0　　　　　B. 1　　　　　C. 2　　　　　D. ∞

— 13 —

5. 把函数 $y = \dfrac{1 - x^2}{1 + x^2}$ 表示为一个常数与当 $x \to \infty$ 时的无穷小之和的形式.

6. 求下列极限:

(1) $\lim\limits_{x \to 2} \dfrac{x^2 - 3}{x - 2}$;

(2) $\lim\limits_{x \to \infty} \dfrac{9\sin x + 10\cos x}{x}$;

(3) $\lim\limits_{x \to 0} \dfrac{\tan \alpha x}{\tan \beta x} (\beta \neq 0)$;

(4) $\lim\limits_{x \to 0} \dfrac{x^2 \sin \dfrac{1}{x}}{\sin x}$;

(5) $\lim\limits_{x \to 0} \dfrac{\sqrt{1+2x^2}-1}{\sin \dfrac{x}{2} \arcsin x}$;

(6) $\lim\limits_{x \to 0} \dfrac{x(1-\cos x)}{\sin x^3}$;

(7) $\lim\limits_{x \to 0} \dfrac{\tan x - \sin x}{x \ln(1+x^2)}$;

(8) $\lim\limits_{x \to \infty} \dfrac{3x^2+5}{5x+6} \sin \dfrac{3}{x}$.

习题 1. 3

一、主要知识点回顾

1. 函数连续的定义：设函数 $y=f(x)$ 在 x_0 的某邻域内有定义，若 $\lim\limits_{\Delta x \to 0}\Delta y =$ _____ ，则称函数 $f(x)$ 在点 x_0 处连续；若记 $x=x_0+\Delta x$ ，可得函数连续性的等价定义 $\lim\limits_{x \to x_0}f(x)=$ _____ .

2. 若 $\lim\limits_{x \to x_0^-}f(x)=$ _____ ，即 $f(x_0-0)=f(x_0)$ ，则称 $f(x)$ 在 x_0 处左连续；

若 $\lim\limits_{x \to x_0^+}f(x)=$ _____ ，即 $f(x_0+0)=f(x_0)$ ，则称 $f(x)$ 在 x_0 处右连续.

函数 $f(x)$ 在点 x_0 处连续 $\Leftrightarrow f(x_0-0)=f(x_0+0)=$ _____ .

3. 函数的间断点及分类：函数的不连续点称为间断点.

(1) 若 $f(x)$ 在 x_0 的左、右极限都存在，但 x_0 是 $f(x)$ 的间断点，则称 x_0 是 $f(x)$ 的第一类间断点，其中，当 $f(x_0-0) \neq f(x_0+0)$ 时，称 x_0 是 $f(x)$ 的 _____ 间断点；当 $f(x_0-0)=f(x_0+0)$ 时，称 x_0 是 $f(x)$ 的 _____ 间断点.

(2) 若 $f(x)$ 在 x_0 的左、右极限至少有一个不存在，则称 x_0 是 $f(x)$ 的第二类间断点；常见的类型有 _____ 和 _____ .

4. 闭区间上连续函数的性质：

(1) 最大值最小值定理：闭区间上的连续函数必能在该区间上取得最大值和最小值.

(2) 介值定理：若 $f(x) \in C[a,b]$ ，且 $f(a) \neq f(b)$ ，λ 是介于 $f(a)$ ，$f(b)$ 之间的任一数，则至少存在一点 $\xi \in (a,b)$ ，使得 _____ .

(3) 零点定理：若 $f(x) \in C[a,b]$ ，且 _____ ，则至少存在一点 $\xi \in (a,b)$ ，使得 _____ .

二、典型习题强化练习

1. 设 a 与 x_0 都是常数，且 $\lim\limits_{x \to x_0}f(x)=a$ 存在，则（　　）.

A. 必有 $\lim\limits_{x \to x_0}f(x)=f(x_0)$

B. 函数 $f(x)$ 在 x_0 处一定连续

C. 当 $x \to x_0$ 时，$f(x)-a$ 必为无穷小

D. 当 $x \to x_0$ 时，$\dfrac{1}{f(x)-a}$ 必为无穷大

2. 填空：

(1) 函数 $f(x)=\dfrac{1}{x^2-1}$ 有间断点＿＿＿＿＿＿，是＿＿＿＿＿＿（填类型）间断点．

(2) 函数 $f(x)=x\cos\dfrac{1}{x}$ 有间断点＿＿＿＿＿＿，是＿＿＿＿＿＿（填类型）间断点．

(3) 函数 $f(x)=\dfrac{1}{1+2^{\frac{1}{x-1}}}$ 有间断点＿＿＿＿＿＿，是＿＿＿＿＿＿（填类型）间断点．

(4) 函数 $f(x)=\sin\dfrac{1}{x}$ 有间断点＿＿＿＿＿＿，是＿＿＿＿＿＿（填类型）间断点．

3. 设 $f(x)=\begin{cases}\dfrac{\ln(1-3x)}{bx}, & x<0,\\[2mm] 2, & x=0,\\[2mm] \dfrac{\sin ax}{x}, & x>0,\end{cases}$ 试问 a,b 为何值时，$f(x)$ 在 $x=0$ 处连续？

4. 求下列极限：

(1) $\lim\limits_{t \to -2} \dfrac{e^t + 1}{t}$；

(2) $\lim\limits_{x \to 1} \dfrac{\sqrt{5x-4} - \sqrt{x}}{x-1}$；

(3) $\lim\limits_{x \to +\infty} \arccos(\sqrt{x^2 + x} - x)$；

(4) $\lim\limits_{x \to a} \dfrac{\sin x - \sin a}{x - a}$.

5. 证明:方程 $x^4 - x - 1 = 0$ 在 $(1,2)$ 内至少有一个根.

6. 若函数 $f(x)$ 在 $[a,b]$ 上连续,且 $f(a) < a$, $f(b) > b$,试证:在 (a,b) 内至少有一点 ξ,使得 $f(\xi) = \xi$.

7. 若 $f(x)$ 在 $[a,b]$ 上连续, $a < x_1 < x_2 < \cdots < x_n < b$,试证:在 $[x_1, x_n]$ 上必有 ξ,使得 $f(\xi) = \dfrac{f(x_1) + f(x_2) + \cdots + f(x_n)}{n}$.

*8. 设 $f(x)$ 在 $[a,b]$ 上连续，A,B 为任意两个正数，试证：对任意两点 $x_1,x_2 \in [a,b]$，至少存在一点 $\xi \in [a,b]$，使得 $Af(x_1) + Bf(x_2) = (A+B)f(\xi)$.

 *9. 若 $f(x)$ 在 $(-\infty, +\infty)$ 上连续，且 $\lim\limits_{x \to \infty} f(x)$ 存在，证明：$f(x)$ 必在 $(-\infty, +\infty)$ 内有界.

单元测试 1

1. 若 $\lim\limits_{x \to 0} \dfrac{1 - \cos 2x}{x^k} = a \neq 0$，则 $k =$ ＿＿＿＿＿＿，$a =$ ＿＿＿＿＿＿．

2. 极限 $\lim\limits_{x \to +\infty} x(e^{\frac{2}{x}} - 1) =$ ＿＿＿＿＿＿．

3. 极限 $\lim\limits_{n \to \infty} n[\ln(n+1) - \ln n] =$ ＿＿＿＿＿＿．

4. 函数 $f(x) = \dfrac{x-2}{x^2-4}$ 的间断点个数为＿＿＿＿＿＿．

5. 当 $x \to 0$ 时，$f(x) = 2^x + 5^x - 2$ 是 x 的（　　）无穷小量.

A. 同阶但非等价　　B. 等价　　　　　C. 高阶　　　　　D. 低阶

6. 函数 $f(x) = \dfrac{1}{x(x-3)(x-5)}$ 在区间（　　）上连续.

A. $(-4, 3)$　　　　B. $(-4, 1)$　　　　C. $(-8, -4)$　　　　D. $(1, 4)$

7. 函数 $f(x) = \begin{cases} 1 + e^{\frac{1}{x}}, & x > 0, \\ x + 1, & x \leqslant 0 \end{cases}$ 在 $x = 0$ 间断是因为（　　）.

A. $f(x)$ 在 $x = 0$ 无定义　　　　　　　B. $\lim\limits_{x \to 0^-} f(x)$ 和 $\lim\limits_{x \to 0^+} f(x)$ 都不存在

C. $\lim\limits_{x \to 0} f(x)$ 不存在　　　　　　　　D. $\lim\limits_{x \to 0} f(x) \neq f(0)$

8. 若 $\lim\limits_{x \to -1} \dfrac{x^3 - ax^2 - x + 4}{x+1}$ 存在，且值为 b，求 a, b 的值.

9. 讨论函数 $f(x) = \lim\limits_{n \to \infty} \dfrac{1 - e^{nx}}{1 + e^{nx}}$ 的连续性；若有间断点，判别其类型.

10. 证明：方程 $x - a\sin x - b = 0, a > 0, b > 0$ 至少有一个不超过 $a + b$ 的正根.

第 2 章　导数与微分

习题 2.1

一、主要知识点回顾

1. 导数的定义：设函数 $y=f(x)$ 在 x_0 的某个邻域内有定义，当 x 在 x_0 处取得增量 Δx 时，相应的函数增量为 $\Delta y=$＿＿＿＿＿＿＿＿，则 $f'(x_0)=$＿＿＿＿＿＿＿＿；若令 $x=x_0+\Delta x$，则 $f'(x_0)=$＿＿＿＿＿＿＿＿．

2. 单侧导数：$f'_+(x_0)=$＿＿＿＿＿＿＿，$f'_-(x_0)=$＿＿＿＿＿＿＿．

函数 $y=f(x)$ 在 x_0 处可导的充要条件是 $f'_+(x_0)$，$f'_-(x_0)$ 都存在，且＿＿＿＿＿＿．

3. 导数 $f'(x_0)$ 的几何意义：＿＿＿＿＿＿＿＿＿＿＿＿．

4. 函数可导与连续的关系：设函数 $y=f(x)$ 在 x_0 处可导，则它在 x_0 处必＿＿＿＿＿＿；设函数 $y=f(x)$ 在 x_0 处连续，则它在 x_0 处未必＿＿＿＿＿＿．

二、典型习题强化练习

1. 填空：

(1) 设函数 $y=f(x)$ 在 x_0 处可导，则 $\lim\limits_{\Delta x\to 0}\dfrac{f(x_0-2\Delta x)-f(x_0)}{\Delta x}=$＿＿＿＿＿＿，

$\lim\limits_{h\to 0}\dfrac{f(x_0+3h)-f(x_0-5h)}{h}=$＿＿＿＿＿＿，$\lim\limits_{x\to x_0^+}\dfrac{f(x_0)-f(x)}{x-x_0}=$＿＿＿＿＿＿．

(2) 函数 $y=x\sqrt{x}$ 在点 $(4,8)$ 处的切线方程为＿＿＿＿＿＿＿＿＿，法线方程为＿＿＿＿＿＿＿＿＿．

(3) 用导数的定义计算：函数 $f(x)=\sin 2x$ 在 $x=0$ 处的导数为＿＿＿＿＿＿＿＿；

函数 $f(x)=\begin{cases} x^2\sin\dfrac{1}{x}, & x\neq 0, \\ 0, & x=0 \end{cases}$ 在 $x=0$ 处的导数为＿＿＿＿＿＿＿＿．

(4) 函数 $f(x)=x(x-1)(x-2)(x-3)$，则 $f'(0)=$＿＿＿＿＿＿＿＿，$[f(0)]'=$＿＿＿＿＿＿＿＿．

2. 函数 $f(x)=\begin{cases} x+2, & 0\leqslant x<1, \\ 3x-1, & x\geqslant 1, \end{cases}$ 则 $f(x)$ 在 $x=1$ 处（　　）．

A. 可导　　　　B. 连续但不可导　　　C. 不连续　　　D. 无定义

3. 函数 $f(x)$ 在 x_0 处连续是在该点可导的（　　）．

A. 充分条件　　B. 必要条件　　　　C. 充要条件　　　D. 无关条件

4. 设 $f(x) = \begin{cases} \ln(1-x), & x < 0, \\ 0, & x = 0, \\ \sin x, & x > 0, \end{cases}$ 求 $f'_+(0)$，$f'_-(0)$，并判断 $f(x)$ 在 $x = 0$ 处是否可导.

5. 确定 a, b 的值，使函数 $f(x) = \begin{cases} x^2 + a, & x \geqslant 1, \\ bx + 1, & x < 1 \end{cases}$ 在 $x = 1$ 处可导.

习题 2.2

一、主要知识点回顾

1. 基本求导公式：

(1) $(C)' = $ ＿＿＿＿＿＿＿＿＿（C 为常数）；　(2) $(x^\mu)' = $ ＿＿＿＿＿＿＿＿＿＿（μ 为常数）；

(3) $(a^x)' = $ ＿＿＿＿＿＿＿＿＿（$a > 0, a \neq 1$），特别地，$(\mathrm{e}^x)' = $ ＿＿＿＿＿＿＿＿＿；

(4) $(\log_a x)' = $ ＿＿＿＿＿＿＿＿＿（$a > 0, a \neq 1$），特别地，$(\ln x)' = $ ＿＿＿＿＿＿＿＿＿；

(5) $(\sin x)' = $ ＿＿＿＿＿＿＿＿＿；　　　　(6) $(\cos x)' = $ ＿＿＿＿＿＿＿＿＿；

(7) $(\tan x)' = $ ＿＿＿＿＿＿＿＿＿；　　　　(8) $(\cot x)' = $ ＿＿＿＿＿＿＿＿＿；

(9) $(\sec x)' = $ ＿＿＿＿＿＿＿＿＿；　　　　(10) $(\csc x)' = $ ＿＿＿＿＿＿＿＿＿；

(11) $(\arcsin x)' = $ ＿＿＿＿＿＿＿＿＿；　　(12) $(\arccos x)' = $ ＿＿＿＿＿＿＿＿＿；

(13) $(\arctan x)' = $ ＿＿＿＿＿＿＿＿＿；　　(14) $(\operatorname{arccot} x)' = $ ＿＿＿＿＿＿＿＿＿．

2. 求导的四则运算法则：设 $u = u(x), v = v(x)$ 在 x 处可导，则

(1) $(u \pm v)' = $ ＿＿＿＿＿＿＿＿＿；

(2) $(uv)' = $ ＿＿＿＿＿＿＿＿＿；

(3) $\left(\dfrac{u}{v}\right)' = $ ＿＿＿＿＿＿＿＿＿．

3. 反函数的求导法则.

4. 复合函数的求导法则：设 $u = g(x)$ 在点 x 可导，$y = f(u)$ 在点 $u = g(x)$ 可导，则 $y = f[g(x)]$ 在点 x 可导，且 $\dfrac{\mathrm{d}y}{\mathrm{d}x} = $ ＿＿＿＿＿＿＿＿＿＿＿＿＿．

二、典型习题强化练习

1. 计算下列函数的导数：

(1) $y = \sqrt{x\sqrt{x\sqrt{x}}}$ ；　　　　　　　　　　　(2) $y = 2\ln x - 3\arctan x$ ；

(3) $y = x\sin(\ln x)$;

(4) $y = a^{\sin 3x}$ $(a > 0)$;

(5) $y = \sqrt{x + \sqrt{x + \sqrt{x}}}$;

(6) $y = \ln(t + \sqrt{t^2 - 1})$;

(7) $y = \arctan \dfrac{1 + x}{1 - x}$;

(8) $y = x\,\mathrm{e}^x + \dfrac{\arctan x}{1 + x^2}$.

2. 设 $f(x) = \begin{cases} e^{2x} - x - 1, & x < 0, \\ x, & x \geqslant 0, \end{cases}$ 求 $f'(x)$.

3. 设 $f(x) = \arcsin x, \varphi(x) = x^2$, 求 $f[\varphi'(x)], f'[\varphi(x)], \{f[\varphi(x)]\}'$.

4. 设 $y = f(\mathrm{e}^x)\mathrm{e}^{f(x)}$,其中 $f(x)$ 为可导函数,求 $\dfrac{\mathrm{d}y}{\mathrm{d}x}$.

5. 研究函数 $f(x) = \begin{cases} x^2 \sin \dfrac{1}{x}, & x > 0, \\ x^3, & x \leqslant 0 \end{cases}$ 在 $(-\infty, +\infty)$ 内的连续性、可导性及 $f'(x)$ 的连续性.

习题 2.3

一、主要知识点回顾

二阶及二阶以上的导数统称为高阶导数. 计算一个函数的高阶导数, 只需要逐次进行求导即可.

二、典型习题强化练习

1. 填空：

(1) 若 $y = e^x \cos x$, 则 $y'' = $ ＿＿＿＿＿＿＿＿＿＿＿＿＿＿.

(2) 若 $y = 2^x$, 则 $y^{(n)} = $ ＿＿＿＿＿＿＿＿＿＿＿＿＿.

(3) 若 $y = x^n + a_1 x^{n-1} + \cdots + a_{n-1} x + a_n$, 则 $y^{(n)} = $ ＿＿＿＿＿＿＿＿＿＿＿＿＿＿＿.

(4) 若 $y = (x^2 + 1)(x^2 + 2)(x^2 + 3)(x^2 + 4)$, 则 $y^{(8)} = $ ＿＿＿＿＿＿＿＿＿＿＿.

(5) 设 $f(x)$ 二阶可导, $y = f(x^2)$, 则 $\dfrac{d^2 y}{dx^2} = $ ＿＿＿＿＿＿＿＿＿＿＿＿＿＿.

2. 求 $y = \dfrac{1}{x(x+1)}$ 的 n 阶导数.

习题 2.4

1. 隐函数求导法:假设方程 $F(x,y)=0$ 确定了 y 是 x 的函数,则只需将方程两边对 x 求导,得到含有 y' 的方程,解出 y'.

2. 对数求导法:先在方程两边取对数,然后利用隐函数的求导方法求出导数.

适用范围:多个函数连乘连除、乘方开方及幂指函数等.

3. 由参数方程所确定的函数求导法:由 $\begin{cases} x=\varphi(t), \\ y=\psi(t) \end{cases}$ ($x=\varphi(t)$, $y=\psi(t)$ 都可导,且 $\varphi'(t)\neq 0$ 及 $x=\varphi(t)$ 有连续的反函数)确定的函数 $y=f(x)$ 的导数 $\dfrac{\mathrm{d}y}{\mathrm{d}x}=$ _____

_____.

二、典型习题强化练习

1. 设 $y=y(x)$ 是由方程 $y=1+x\mathrm{e}^y$ 确定的隐函数,求 $\dfrac{\mathrm{d}y}{\mathrm{d}x}\Big|_{x=0}$.

2. 设 $y=y(x)$ 是由方程 $\ln\sqrt{x^2+y^2}=\arctan\dfrac{y}{x}$ 确定的隐函数,求 $\dfrac{\mathrm{d}y}{\mathrm{d}x}$.

— 30 —

3. 利用对数求导法求下列函数的导数：

（1）$y = x^{2^x}$；

（2）$y = \dfrac{\sqrt{x+1}\,(x^2+1)^3}{(x+2)^2\,e^x}$.

4. 求摆线 $\begin{cases} x = a(t - \sin t), \\ y = a(1 - \cos t) \end{cases}$ 在 $t = \dfrac{\pi}{3}$ 对应点处的切线方程.

5. 已知 $y = 1 + x \mathrm{e}^y$,求 $\dfrac{\mathrm{d}^2 y}{\mathrm{d}x^2}$.

6. 若 $\begin{cases} x = \ln(1 + t^2), \\ y = t - \arctan t, \end{cases}$ 求 $\dfrac{\mathrm{d}^2 y}{\mathrm{d}x^2}$.

习题 2.6

一、主要知识点回顾

1. 微分的定义：设函数 $y = f(x)$ 在 x_0 的某个邻域内有定义，若 $y = f(x)$ 在点 x_0 的增量 Δy 可以表示成_____，其中 A 是不依赖于 Δx 的常数，则称 $y = f(x)$ 在点 x_0 处可微，$A \Delta x$ 称为 $y = f(x)$ 在点 x_0 处的_____，记作_____.

2. 函数可导与可微的关系：设函数 $y = f(x)$ 在 x_0 处可导，则它在 x_0 处_____；设函数 $y = f(x)$ 在 x_0 处可微，则它在 x_0 处必_____，且 $\mathrm{d}y = $_____.

3. 微分运算法则：设 $u = u(x)$，$v = v(x)$ 可微，则

(1) $\mathrm{d}(u \pm v) = $_____；

(2) $\mathrm{d}(uv) = $_____；

(3) $\mathrm{d}\left(\dfrac{u}{v}\right) = $_____.

4. 微分形式不变性.

5. 微分在近似计算中的应用.

二、典型习题强化练习

1. 设函数 $y = f(x)$ 有 $f'(x_0) \neq 0$，则下列说法错误的是(　　).

A. $\Delta y = \mathrm{d}y + o(\Delta x)$　　　　　B. $\Delta y = \mathrm{d}y + o(-\Delta x)$

C. $\Delta y = \mathrm{d}y + o(2\Delta x)$　　　　　D. 只有当 x 是自变量时才有 $\mathrm{d}y = f'(x_0)\mathrm{d}x$

2. 填空：

(1) 函数 $y = 5x + x^2$ 当 $x = 2$，$\Delta x = 0.001$ 时的增量 $\Delta y = $_____，微分 $\mathrm{d}y = $_____.

(2) 设 $y = \mathrm{e}^{x \sin x}$，则 $\mathrm{d}y\big|_{x = \pi} = $_____.

(3) 设 $f(x)$ 可微，则 $\mathrm{d}(\mathrm{e}^{f(x)}) = $_____.

(4) 设函数 $y = f(x)$ 在 x_0 的某邻域内有 $f(x) - f(x_0) = 2(x - x_0) + o(x - x_0)$，则 $f'(x_0) = $_____.

(5) 将适当的函数填入括号内使等式成立：

$\mathrm{d}($　　　　$) = 2\mathrm{d}x$；$\mathrm{d}($　　　　$) = \dfrac{2}{1 + x^2}\mathrm{d}x$；$\mathrm{d}($　　　　$) = \sin 2x\,\mathrm{d}x$；

$\mathrm{d}($　　　　$) = \mathrm{e}^{5x}\mathrm{d}x$；$\mathrm{d}($　　　　$) = \dfrac{1}{\sqrt{x}}\mathrm{d}x$.

3. 求下列函数的微分：

(1) $y = x\ln x - x^2$ ；

(2) $y = \arccos \mathrm{e}^x$ ；

(3) $y = \mathrm{e}^x \arctan x$ ；

(4) $y = \sin^2 u, u = \ln(3x+1)$.

4. 求近似值：

(1) $\ln 0.99$；

(2) $\sqrt[3]{998}$.

5. 设有一半径为 45 cm 的圆形铁板，受热后其半径增加了 1 mm，试用微分估计面积增加了多少．

单元测试 2

1. 计算 $\left(\dfrac{\cos x}{1+x^2}\right)' = $ _____.

2. 设 $f(x) = \sin\sqrt{x^2+1}$，则 $[f(0)]' = $ _____.

3. 若 $y = \mathrm{e}^{3x}$，则 $y^{(n)} = $ _____.

4. 若 $f(x) = \left(1+\dfrac{1}{x}\right)^x$，则 $f'\left(\dfrac{1}{2}\right) = $ _____.

5. 若 $y = [\ln(x\sec x)]^2$，则 $\mathrm{d}y = $ _____.

6. 已知 $f(0) = 0$，$f'(0) = 2$，求 $\lim\limits_{x\to 0}\dfrac{f(x)}{x}$，$\lim\limits_{x\to 0}\dfrac{f(x)}{\sin 3x}$.

7. 已知 $f(x) = \begin{cases} a+bx, & x > 0, \\ \cos x, & x \leqslant 0 \end{cases}$ 在 $x = 0$ 处可导，求 a, b.

8. 设 $f(x) = \begin{cases} x\mathrm{e}^{-\frac{1}{x^2}}, & x \neq 0, \\ 0, & x = 0, \end{cases}$ 求 $f'(x)$.

9. 设 $y = f(\sin^2 x) + f(\cos^2 x)$，且 f 可导，求 $\dfrac{\mathrm{d}y}{\mathrm{d}x}$.

10. 若方程组 $\begin{cases} x = t\mathrm{e}^t, \\ \mathrm{e}^t + \mathrm{e}^y = 2 \end{cases}$ 确定了函数 $y = f(x)$，求 $\dfrac{\mathrm{d}^2 y}{\mathrm{d}x^2}$.

第 3 章　微分学基本定理

习题 3.1

一、主要知识点回顾

1. 罗尔定理:若函数 $f(x)$ 满足

(1) 在 $[a,b]$ 上连续;

(2) 在 (a,b) 内可导;

(3) _____,

则在 (a,b) 内至少存在一点 ξ,使得_____.

2. 拉格朗日中值定理:若函数 $f(x)$ 满足

(1) 在 $[a,b]$ 上连续;

(2) 在 (a,b) 内可导,

则在 (a,b) 内至少存在一点 ξ,使得_____.

3. 柯西中值定理:若函数 $f(x),g(x)$ 满足

(1) 在 $[a,b]$ 上连续;

(2) 在 (a,b) 内可导,

则在 (a,b) 内至少存在一点 ξ,使得_____.

二、典型习题强化练习

1. 在区间 $[-1,1]$ 上满足罗尔定理条件的函数是(　　).

A. $y=\dfrac{\sin x}{x}$　　　　B. $y=(x+1)^2$　　　C. $y=x$　　　　　　D. $y=x^2+1$

2. 在区间 $[-1,1]$ 上满足拉格朗日中值定理条件的函数是(　　).

A. $y=\sqrt[5]{x^4}$　　　　B. $y=\ln(1+x^2)$　　C. $y=\dfrac{\cos x}{x}$　　　　D. $y=\dfrac{1}{1-x^2}$

3. 函数 $f(x)=x\sqrt{1-x}$ 在区间 $[0,1]$ 上使罗尔定理成立的 $\xi=$(　　).

A. 0　　　　　　　B. $\dfrac{1}{2}$　　　　　C. $\dfrac{2}{3}$　　　　　D. $\dfrac{1}{3}$

4. 函数 $f(x)=\ln x$ 在区间 $[1,\mathrm{e}]$ 上使拉格朗日中值定理成立的 $\xi=$(　　).

A. $\mathrm{e}-\dfrac{1}{2}$　　　　B. $\mathrm{e}-1$　　　　C. $\dfrac{\mathrm{e}+1}{2}$　　　　D. $\dfrac{\mathrm{e}+1}{3}$

5. 设 $a_0,a_1,a_2,\cdots,a_n$ 满足 $a_0+\dfrac{a_1}{2}+\dfrac{a_2}{3}+\cdots+\dfrac{a_n}{n+1}=0$,证明方程 $a_0+a_1x+a_2x^2+\cdots+a_nx^n=0$ 在区间 $(0,1)$ 内至少有一根.

6. 设函数 $f(x)=x(x+1)(x-2)$,不求函数的导数,判断方程 $f'(x)=0$ 有几个根,并指出它们所在的区间.

7. 函数 $f(x)$ 在 $[a,b]$ 上连续，在 (a,b) 内可导，且 $0 < a < b$，证明：在 (a,b) 内至少存在一点 ξ，使得 $f(b) - f(a) = \xi\left(\ln\dfrac{b}{a}\right)f'(\xi)$.

8. 用拉格朗日中值定理证明：当 $0 < b \leqslant a$ 时，$\dfrac{a-b}{a} \leqslant \ln\dfrac{a}{b} \leqslant \dfrac{a-b}{b}$.

9. 证明:当 $x > 0$ 时,$\arctan x + \arctan \dfrac{1}{x} = \dfrac{\pi}{2}$.

10. 验证函数 $f(x) = \ln x$ 在区间 $[1, e]$ 上拉格朗日中值定理成立.

习题 3.2

一、主要知识点回顾

1. 泰勒中值定理:若 $f(x)$ 在包含 x_0 的某开区间 (a,b) 内具有直到 $n+1$ 阶导数,则当 $x\in(a,b)$ 时,有 $f(x)=$ _____.

2. 几个常见函数的带皮亚诺型余项的 n 阶麦克劳林公式:

$e^x =$ _____;

$\sin x =$ _____;

$\cos x =$ _____;

$\ln(1+x) =$ _____;

$(1+x)^a =$ _____.

二、典型习题强化练习

1. 按 $(x+1)$ 的乘幂展开多项式 x^3+3x^2-2x+4.

2. 应用麦克劳林公式,按 x 乘幂展开函数 $f(x)=(x^3+2x^2+1)^2$.

*3. 利用带皮亚诺型余项的麦克劳林公式,求下列极限:

(1) $\lim\limits_{x \to 0} \dfrac{\sin x - x + \dfrac{1}{6}x^3}{x^5}$;

(2) $\lim\limits_{x \to 0} \dfrac{e^{x^3} - 1 - x^3}{\sin^6(2x)}$.

第4章 微分学应用

习题 4.1

一、主要知识点回顾

1. 洛必达法则(适用于 $\dfrac{0}{0}$, $\dfrac{\infty}{\infty}$ 型未定式):设

(1) $\lim\limits_{x \to a} f(x) = \lim\limits_{x \to a} F(x) = 0$(或 ∞);

(2) $f(x)$ 与 $F(x)$ 在 $\overset{\circ}{U}(a)$ 内可导,且 $F'(x) \neq 0$;

(3) $\lim\limits_{x \to a} \dfrac{f'(x)}{F'(x)}$ 存在,或者为 ∞ ,

则 $\lim\limits_{x \to a} \dfrac{f(x)}{F(x)} = $ _____.

(将极限过程 $x \to a$ 换成 $x \to \infty$ 等,条件(2)作相应修改,定理仍然成立.)

2. 其余未定式 $\infty - \infty, 0 \cdot \infty, 1^\infty, \infty^0, 0^0$ 须转化成 $\dfrac{0}{0}$, $\dfrac{\infty}{\infty}$,再使用洛必达法则.

二、典型习题强化练习

1. 用洛必达法则,求下列极限:

(1) $\lim\limits_{x \to 0} \dfrac{e^x + \sin x - 1}{\ln(1 + x)}$;

(2) $\lim\limits_{x \to a} \dfrac{x^m - a^m}{x^n - a^n}$;

(3) $\lim\limits_{x \to 0} \dfrac{\tan x - x}{x - \sin x}$;

(4) $\lim\limits_{x \to 0^+} \dfrac{\ln \sin 3x}{\ln \sin 2x}$;

(5) $\lim\limits_{x \to \frac{\pi}{4}} \dfrac{\tan x - 1}{\sin 4x}$;

(6) $\lim\limits_{x \to 0} \dfrac{2^x \sin x}{e^x - 1}$;

(7) $\lim\limits_{x \to 1}(1-x)\tan\dfrac{\pi x}{2}$;

(8) $\lim\limits_{x \to +\infty}\dfrac{\dfrac{2}{x}}{\pi - 2\arctan\ x}$;

(9) $\lim\limits_{x \to \infty}x(e^{\frac{1}{x}}-1)$;

(10) $\lim\limits_{x \to 0}x^2 e^{\frac{1}{x^2}}$;

(11) $\lim\limits_{x \to 1}\left(\dfrac{x}{x-1}-\dfrac{1}{\ln\ x}\right)$;

(12) $\lim\limits_{x\to\frac{\pi}{2}-0}(\cot x)^{\frac{\pi}{2}-x}$;

(13) $\lim\limits_{x\to 0^+}(\cot x)^{\frac{1}{\ln x}}$;

(14) $\lim\limits_{x\to 0}\dfrac{e^x-e^{-x}}{\sin x\cos x}$.

2. 验证极限 $\lim\limits_{x\to\infty}\dfrac{x+\cos x}{x-\sin x}$ 存在,但不能用洛必达法则计算.

习题 4.2

一、主要知识点回顾

1. 函数单调性的充分条件:设函数 $y=f(x)$ 在 $[a,b]$ 上连续,在 (a,b) 内可导,则

(1) 若在 (a,b) 内,_____,则 $f(x)$ 在 $[a,b]$ 上单调增加;

(2) 若在 (a,b) 内,_____,则 $f(x)$ 在 $[a,b]$ 上单调减少.

2. 极值的必要条件:设函数 $y=f(x)$ 在 x_0 处可导,且在 x_0 处取得极值,则_____

_____.

3. 极值的第一充分条件:设函数 $y=f(x)$ 在 x_0 处连续,在 $\overset{\circ}{U}(x_0)$ 处可导,则对任意

$x\in\overset{\circ}{U}(x_0)$,有

(1) 若_____,则 $f(x)$ 在 x_0 处取得极大值;

(2) 若_____,则 $f(x)$ 在 x_0 处取得极小值.

4. 极值的第二充分条件:设函数 $y=f(x)$ 在 x_0 处具有二阶导数,且 $f'(x_0)=0$,

$f''(x_0)\neq 0$,则

(1) 当_____,$f(x)$ 在 x_0 处取得极大值;

(2) 当_____,$f(x)$ 在 x_0 处取得极小值.

二、典型习题强化练习

1. $f'(x_0)=0$ 是函数 $f(x)$ 在 x_0 点处取得极值的( ).

A. 必要条件   B. 充分条件   C. 充要条件   D. 无关条件

2. 若 $f'(x_0)=0,f''(x_0)=0$,则函数 $f(x)$ 在 x_0 点处( ).

A. 一定有极大值   B. 一定有极小值   C. 可能有极值   D. 一定无极值

3. 设函数 $f(x)$ 在 x_0 处连续,且 $f(x_0)$ 是极大值,则必有( ).

A. $f'(x_0)=0$ B. $f''(x_0)<0$

C. $f''(x_0)>0$ D. $f(x_0\pm\delta)\leqslant f(x_0)(\delta>0)$

4. 证明函数 $y=2x^3+3x^2-12x+1$ 在 $(-2,1)$ 内单调减少.

5. 求函数 $y = x - \ln(x+1)$ 的单调区间.

6. 证明下列不等式:
(1) 当 $x > 0$ 时, $x > \ln(1+x)$;

(2) 当 $x > 1$ 时, $\ln x > \dfrac{2(x-1)}{x+1}$.

7. 求下列函数的极值：

(1) $y = x^4 - 8x^2 + 2$；

(2) $y = x + \dfrac{a}{x}(a > 0)$；

(3) $f(x) = \begin{cases} (x+1)^3, & x \leqslant 0, \\ (x-1)^2, & x > 0. \end{cases}$

*8. 证明方程 $4\ln x = x$ 在 $(1, e)$ 内有唯一实数根.

9. 求下列函数在所给区间上的最大值和最小值：

(1) $y = x^4 - 2x^2 + 5, x \in [-2, 2]$；

(2) $y = x + 2\sqrt{x}, x \in [0, 4]$.

10. 要做一个底面为长方形的带盖的箱子，其体积为 72 cm^3，底边长呈 $1:2$ 的关系. 问各边的长怎样做才能使表面积最小？

习题 4.3

一、主要知识点回顾

1. 曲线凹凸性的两种等价定义.

2. 曲线凹凸性的充分条件:设函数 $y=f(x)$ 在 $[a,b]$ 上连续,在 (a,b) 内具有二阶导数,则

(1) 若在 (a,b) 内,_____,则 $f(x)$ 在 $[a,b]$ 上的曲线弧是凹的.

(2) 若在 (a,b) 内,_____,则 $f(x)$ 在 $[a,b]$ 上的曲线弧是凸的.

3. 若连续曲线 $y=f(x)$ 上的点 $(x_0,f(x_0))$ 是曲线凹弧和凸弧的分界点,则称 $(x_0,f(x_0))$ 为曲线的_____.

4. 若点 $(x_0,f(x_0))$ 为 $y=f(x)$ 的拐点,则_____或_____.

二、典型习题强化练习

1. 函数 $f(x)=e^{-x}$ 在其定义域内是单调(　　).

A. 增加且凹的　　　　B. 增加且凸的　　　　C. 减少且凹的　　　　D. 减少且凸的

2. 曲线 $y=e^{-x^2}$(　　).

A. 没有拐点　　　　B. 有一个拐点　　　　C. 有两个拐点　　　　D. 有三个拐点

3. 设函数 $f(x)$ 在区间 (a,b) 内恒有 $f'(x)>0,f''(x)<0$,则曲线 $y=f(x)$ 在区间 (a,b) 内是(　　).

A. 单调增加且凹的　　　　　　　　B. 单调增加且凸的

C. 单调减少且凹的　　　　　　　　D. 单调减少且凸的

4. 已知曲线 $y=ax^3+bx^2+1$ 以 $(1,3)$ 为拐点,则 $a=$ _____, $b=$ _____.

5. 求下列函数的凹凸区间与拐点:

(1) $y=x+36x^2-2x^3-x^4$;

（2）$y = x\mathrm{e}^{-x}$.

*6. 利用曲线的凹凸性证明不等式：$2\cos\dfrac{x+y}{2} > \cos x + \cos y$，$x,y \in \left(-\dfrac{\pi}{2}, \dfrac{\pi}{2}\right)$.

习题 4.4

一、主要知识点回顾

1. 渐近线：

(1) 水平渐近线：若 $\lim\limits_{x\to\infty} f(x) = A$，则称 _____ 为曲线的水平渐近线.

(2) 铅直渐近线：若 $\lim\limits_{x\to x_0} f(x) = \infty$，则称 _____ 为曲线的铅直渐近线.

(3) 斜渐近线：若 $\lim\limits_{x\to\infty} \dfrac{f(x)}{x} = k$，$\lim\limits_{x\to\infty} [f(x) - kx] = b$，则称 _____ 为曲线的斜渐近线.

2. 函数图形的描绘.

二、典型习题强化练习

1. 填空：

(1) 函数 $y = \dfrac{x^2}{x^2 - x - 2}$ 的水平渐近线为 _____，铅直渐近线为 _____.

(2) 函数 $y = \dfrac{\sin(x-1)}{x^2 - x}$ 的水平渐近线为 _____，铅直渐近线为 _____.

2. 描绘函数 $y = x^3 - 6x^2 + 9x - 5$ 的图形.

单元测试 4

1. $f(x)$ 二阶可导，$f''(x_0)=0$ 是曲线 $y=f(x)$ 上点_____为拐点的_____条件.

2. $f(x)=a\sin x+\dfrac{1}{3}\sin 3x$，当 $a=2$ 时，$f\left(\dfrac{\pi}{3}\right)$ 为极_____值.

3. 设 $f(x)=(x-1)(x-2)(x-3)(x-4)$，则方程 $f'(x)=0$ 有_____个实根，它们分别位于区间_____内；而方程 $f''(x)=0$ 有_____个实根.

4. 曲线 $\begin{cases} x=t^2, \\ y=3t+t^3 \end{cases}(0<t<\pi)$ 的拐点为_____.

5. 曲线 $y=\dfrac{x}{3-x^2}$（   ）.

A. 无水平渐近线，也无斜渐近线

B. 有铅直渐近线 $x=\sqrt{3}$，无水平渐近线

C. 有水平渐近线，也有铅直渐近线

D. 只有水平渐近线

6. 求极限：$\displaystyle\lim_{x\to 0}\dfrac{\mathrm{e}^x-\mathrm{e}^{\sin x}}{x^2\ln(1+x)}$.

7. 求极限：$\lim\limits_{x \to +\infty} \left(\dfrac{2}{\pi} \arctan x \right)^x$.

8. 已知函数 $y = \dfrac{x^3}{(x-1)^2}$，求函数的单调区间、极值、凹凸区间、拐点、渐近线.

9. 证明:当 $x > 1$ 时,$\dfrac{\ln(1+x)}{\ln x} > \dfrac{x}{1+x}$.

10. 若直角三角形的一个直角边与斜边之和为常数 a,求具有最大面积的直角三角形.

第 5 章　不定积分

习题 5.1

一、主要知识点回顾

1. 原函数的定义:设函数 $f(x)$ 与 $F(x)$ 在区间 I 上都有定义,若 $F'(x)=f(x),x\in I$,则称 $F(x)$ 为 $f(x)$ 在区间 I 上的_____.

2. 原函数存在定理:若函数 $f(x)$ 在区间 I 上连续,则 $f(x)$ 在 I 上存在_____,即_____.

3. 设 $F(x)$ 是 $f(x)$ 在区间 I 上的一个原函数,则

(1) _____也是 $f(x)$ 在 I 上的原函数,其中 C 为任意常数;

(2) $f(x)$ 在 I 上的任意两个原函数之间,只可能相差_____.

4. 不定积分的定义:函数 $f(x)$ 在区间 I 上的_____称为 $f(x)$ 在 I 上的不定积分,记作_____,即_____.

5. 基本积分表:

(1) $\int k \, \mathrm{d}x =$ _____(k 为常数);　(2) $\int x^{\alpha} \, \mathrm{d}x =$ _____($\alpha \neq -1$);

(3) $\int \dfrac{1}{x} \, \mathrm{d}x =$ _____;

(4) $\int \dfrac{1}{1+x^{2}} \, \mathrm{d}x =$ _____;

(5) $\int \dfrac{1}{\sqrt{1-x^{2}}} \, \mathrm{d}x =$ _____;

(6) $\int \cos x \, \mathrm{d}x =$ _____;

(7) $\int \sin x \, \mathrm{d}x =$ _____;

(8) $\int \sec^{2} x \, \mathrm{d}x =$ _____;

(9) $\int \csc^{2} x \, \mathrm{d}x =$ _____;

(10) $\int \sec x \tan x \, \mathrm{d}x =$ _____;

(11) $\int \csc x \cot x \, \mathrm{d}x =$ _____;

(12) $\int \mathrm{e}^{x} \, \mathrm{d}x =$ _____;

(13) $\int a^{x} \, \mathrm{d}x =$ _____($a>0,a \neq 1$).

二、典型习题强化练习

1. 求下列不定积分：

(1) $\int (x^2 + x)^2 \mathrm{d}x$;

(2) $\int \dfrac{\mathrm{d}x}{1 - \cos 2x}$;

(3) $\int (1 + \sqrt{x}) \sqrt{x\sqrt{x}} \, \mathrm{d}x$;

(4) $\int \dfrac{2 \cdot 3^x - 5 \cdot 2^x}{3^x} \mathrm{d}x$;

(5) $\int \dfrac{1 + 2x^2}{x^2(1 + x^2)} \mathrm{d}x$;

(6) $\int \dfrac{\cos 2x}{\cos^2 x \sin^2 x} \mathrm{d}x$;

(7) $\int 2\sin^2 \dfrac{t}{2} \mathrm{d}t$;

(8) $\int \dfrac{(1 - x)^2}{\sqrt{x}} \mathrm{d}x$.

2.一质点做直线运动,已知其加速度为 $a = 12t^2 - 3\sin t$.如果 $v(0) = 5, s(0) = 3$,求:

(1)速度 v 与时间 t 之间的函数关系 $v(t)$;

(2)位移 s 与时间 t 之间的函数关系 $s(t)$.

3.已知 $F(x)$ 在 $[-1,1]$ 上连续,在 $(-1,1)$ 内 $F'(x) = \dfrac{1}{\sqrt{1-x^2}}$,且 $F(1) = \dfrac{3\pi}{2}$,求 $F(x)$.

习题 5.2

一、主要知识点回顾

1. 第一换元法（凑微分法）：设 $u = \varphi(x)$ 可导，且已知 $F(u)$ 是 $f(u)$ 的一个原函数，则有换元公式 $\int f[\varphi(x)]\varphi'(x)\mathrm{d}x \xlongequal{\text{令}\varphi(x)=u} \underline{\hspace{3cm}} = F(u) + C \xlongequal{u=\varphi(x)}$

$\underline{\hspace{3cm}}$.

2. 第二换元法：设 $x = \varphi(t)$ 是单调、可导的函数，并且 $\varphi'(t) \neq 0$，又设 $f[\varphi(t)]\varphi'(t)$ 具有原函数，$\int f(x)\mathrm{d}x \xlongequal{x=\varphi(t)} \int f[\varphi(t)]\varphi'(t)\mathrm{d}t$，其中 $t = \underline{\hspace{3cm}}$ 为 $x = \varphi(t)$ 的反函数.

3. 积分公式：

(1) $\int \tan x\,\mathrm{d}x = \underline{\hspace{2.5cm}}$；

(2) $\int \cot x\,\mathrm{d}x = \underline{\hspace{2.5cm}}$；

(3) $\int \sec x\,\mathrm{d}x = \underline{\hspace{2.5cm}}$；

(4) $\int \csc x\,\mathrm{d}x = \underline{\hspace{2.5cm}}$；

(5) $\int \dfrac{1}{\sqrt{a^2 - x^2}}\mathrm{d}x = \underline{\hspace{2.5cm}}$；

(6) $\int \dfrac{1}{a^2 + x^2}\mathrm{d}x = \underline{\hspace{2.5cm}}$；

(7) $\int \dfrac{1}{a^2 - x^2}\mathrm{d}x = \underline{\hspace{2.5cm}}$；

(8) $\int \sqrt{a^2 - x^2}\,\mathrm{d}x = \underline{\hspace{2.5cm}}$；

(9) $\int \dfrac{1}{\sqrt{x^2 + a^2}}\mathrm{d}x = \underline{\hspace{2.5cm}}$；

(10) $\int \dfrac{1}{\sqrt{x^2 - a^2}}\mathrm{d}x = \underline{\hspace{2.5cm}}$.

二、典型习题强化练习

1. 在每题的括号中填上系数或函数：

(1) $\cos(mx)\,\mathrm{d}x = \dfrac{1}{m}\mathrm{d}(\qquad)$；

(2) $\dfrac{\mathrm{d}x}{4 + x^2} = \dfrac{1}{2}\mathrm{d}(\qquad)$；

(3) $x\mathrm{e}^{-x^2}\mathrm{d}x = (\qquad)\mathrm{d}(\mathrm{e}^{-x^2} + C)$；

(4) $\dfrac{\mathrm{d}x}{x\ln x} = \mathrm{d}(\qquad)$；

(5) $\dfrac{\mathrm{d}x}{\sqrt{2x}} = (\qquad)\mathrm{d}(\sqrt{x} + C)$；

(6) $\dfrac{\cos\sqrt{x}}{\sqrt{x}}\mathrm{d}x = 2\mathrm{d}(\qquad)$.

2. 计算下列不定积分：

(1) $\displaystyle\int \frac{\mathrm{d}x}{\sqrt[3]{2-3x}}$;

(2) $\displaystyle\int a^{mx+n}\,\mathrm{d}x$ ($m \neq 0, a \neq 1, a > 0$);

(3) $\displaystyle\int \frac{1+\ln x}{x\ln x}\mathrm{d}x$;

(4) $\displaystyle\int \frac{\mathrm{d}x}{\mathrm{e}^{x}+\mathrm{e}^{-x}}$;

(5) $\displaystyle\int \frac{\sin \dfrac{1}{\mathrm{e}^{x}}}{\mathrm{e}^{x}}\mathrm{d}x$;

(6) $\displaystyle\int \frac{\cot \theta}{\sqrt{\sin \theta}}\mathrm{d}\theta$;

(7) $\displaystyle\int \frac{\mathrm{d}x}{\cos^{2}x\sqrt{\tan x}}$;

(8) $\displaystyle\int \frac{\sin x\cos x\,\mathrm{d}x}{1+\sin^{4}x}$;

(9) $\int \sec^4 x \, dx$;

(10) $\int \dfrac{1-x}{\sqrt{9-4x^2}} dx$;

(11) $\int \dfrac{\ln \tan x}{\cos x \sin x} dx$;

(12) $\int \dfrac{2x+1}{x^2+2x+17} dx$;

(13) $\int e^{e^x+x} \, dx$;

(14) $\int \dfrac{1}{\sqrt{x}\sqrt{1+\sqrt{x}}} dx$;

(15) $\int \dfrac{dx}{x\sqrt{x^2-a^2}}$;

(16) $\int \dfrac{dx}{(1-x^2)^{\frac{3}{2}}}$;

$(17)\ \displaystyle\int \frac{\mathrm{d}x}{\sqrt{(x^2+1)^3}}\,;$

$(18)\ \displaystyle\int \frac{x^2}{\sqrt{x-x^2}}\mathrm{d}x\,;$

$(19)\ \displaystyle\int \frac{x^2+x+1}{(x+1)^{50}}\mathrm{d}x\,;$

$(20)\ \displaystyle\int \tan^4 x\,\mathrm{d}x.$

习题 5.3

一、主要知识点回顾

1. 分部积分法:若 u 与 v 可导,不定积分 $\int u'(x)v(x)\mathrm{d}x$ 存在,$\int u(x)v'(x)\mathrm{d}x$ 也存在,则有＿＿＿＿＿＿＿＿＿＿＿＿＿＿＿＿＿,常简写作＿＿＿＿＿＿＿＿＿.

2. 常见 u,v 选取规律:

(1) $f(x)$ 为 $P_n(x)$ 与三角函数之乘积,则取 $u(x)=$ ＿＿＿＿＿＿＿＿＿, $v'(x)$ 为 ＿＿＿＿＿＿＿＿＿.

(2) $f(x)$ 为 $P_n(x)$ 与指数函数之乘积,则取 $u(x)=$ ＿＿＿＿＿＿＿＿＿, $v'(x)$ 为 ＿＿＿＿＿＿＿＿＿.

(3) $f(x)$ 为 $P_n(x)$ 与对数函数之乘积,则取 $v'(x)=$ ＿＿＿＿＿＿＿＿＿, $u(x)$ 为 ＿＿＿＿＿＿＿＿＿.

(4) $f(x)$ 为 $P_n(x)$ 与反三角函数之乘积,则取 $v'(x)=$ ＿＿＿＿＿＿＿＿＿, $u(x)$ 为 ＿＿＿＿＿＿＿＿＿.

(5) $f(x)$ 为指数函数与三角函数之乘积,则取 $u(x)$ 为 ＿＿＿＿＿＿＿＿＿, $v'(x)$ 为 ＿＿＿＿＿＿＿＿＿或 $u(x)$ 为 ＿＿＿＿＿＿＿＿＿, $v'(x)$ 为 ＿＿＿＿＿＿＿＿＿.

二、典型习题强化练习

1. 求下列不定积分:

(1) $\int x^2\cos x\,\mathrm{d}x$;

(2) $\int x^n\ln x\,\mathrm{d}x\,(n\neq-1)$;

(3) $\int x^2 \arctan x \, dx$;

(4) $\int x^2 \ln(1+x) \, dx$;

(5) $\int \sin(\ln x) \, dx$;

(6) $\int \dfrac{\ln^3 x}{x^2} \, dx$;

(7) $\int (\arcsin x)^2 \, dx$;

(8) $\int e^{2x} \cos 3x \, dx$.

2. 选用已经学过的方法计算下列不定积分：

(1) $\displaystyle\int \frac{\mathrm{d}x}{x(1+\ln^2 x)}$；

(2) $\displaystyle\int x^5 \mathrm{e}^{x^3} \mathrm{d}x$；

(3) $\displaystyle\int \mathrm{e}^{\sqrt[3]{x}} \mathrm{d}x$；

(4) $\displaystyle\int \frac{\ln\cos x}{\cos^2 x} \mathrm{d}x$；

(5) $\displaystyle\int \frac{x\arcsin x}{\sqrt{1-x^2}} \mathrm{d}x$；

(6) $\displaystyle\int \frac{x+\sin x}{1+\cos x} \mathrm{d}x$.

习题 5.4

一、主要知识点回顾

1. 有理函数的积分方法.

2. 三角函数有理式的积分方法.

3. 简单无理函数的积分方法.

二、典型习题强化练习

1. 求下列不定积分：

(1) $\displaystyle\int \frac{x^5 + x^4 - 8}{x^3 - x} \mathrm{d}x$;

(2) $\displaystyle\int \frac{\mathrm{d}x}{x(x^2 + 1)}$;

(3) $\displaystyle\int \frac{\mathrm{d}x}{3 + \cos x}$;

(4) $\displaystyle\int \frac{\mathrm{d}x}{1 + \sin x + \cos x}$;

$(5)\displaystyle\int\frac{\sin x}{1+\sin x}\mathrm{d}x\,;$ 　　　　　　 $(6)\displaystyle\int\frac{\mathrm{d}x}{\sqrt{x}+\sqrt[4]{x}}\,;$

$(7)\displaystyle\int\frac{\sqrt{x+1}-1}{\sqrt{x+1}+1}\mathrm{d}x\,;$ 　　　　 $^{*}(8)\displaystyle\int\frac{\mathrm{d}x}{\sqrt{1+\sqrt[3]{x^{2}}}}\,.$

2. 选用已经学过的方法计算下列不定积分：

$(1)\displaystyle\int\frac{2^{x}\mathrm{d}x}{\sqrt{1-4^{x}}}\,;$ 　　　　　　 $(2)\displaystyle\int\frac{\mathrm{d}x}{\mathrm{e}^{x}+1}\,;$

$(3) \displaystyle\int \sqrt{x}\, \sin \sqrt{x}\, \mathrm{d}x$;

$(4) \displaystyle\int \frac{\mathrm{e}^{\arctan x}}{(1+x^2)^{\frac{3}{2}}}\, \mathrm{d}x$;

$(5) \displaystyle\int \frac{\arcsin \sqrt{x}}{\sqrt{1-x}}\, \mathrm{d}x$;

$(6) \displaystyle\int \frac{\ln(x+1)}{\sqrt{x+1}}\, \mathrm{d}x$.

单元测试 5

1. 下列等式中正确的是(   ).

A. $\int f'(x)\mathrm{d}x = f(x)$

B. $\dfrac{\mathrm{d}}{\mathrm{d}x}\int f(x)\mathrm{d}x = f(x)$

C. $\int \mathrm{d}f(x) = f(x)$

D. $\mathrm{d}\int f(x)\mathrm{d}x = f(x)$

2. 设 $f(x)$ 为连续函数, $\int f(x)\mathrm{d}x = F(x) + C$,则下列等式中正确的是(   ).

A. $\int f(ax+b)\mathrm{d}x = F(ax+b) + C$

B. $\int f(x^n)x^{n-1}\mathrm{d}x = F(x^n) + C$

C. $\int f(\ln ax)\dfrac{1}{x}\mathrm{d}x = F(\ln ax) + C$

D. $\int f(\mathrm{e}^{-x})\mathrm{e}^{-x}\mathrm{d}x = F(\mathrm{e}^{-x}) + C$

3. 若 $f'(x^2) = \dfrac{1}{x}(x>0)$,则 $f(x) = $ _____.

4. $\int \dfrac{f'(x)}{\sqrt{1-f^2(x)}}\mathrm{d}x = $ _____.

5. 已知 $f(x)$ 的一个原函数为 $\ln\sqrt{x}$,则 $\int xf'(x)\mathrm{d}x = $ _____.

6. 计算下列不定积分:

(1) $\int \dfrac{x^2}{\sqrt{2-x}}\mathrm{d}x$;

(2) $\displaystyle\int \frac{3x}{\sqrt{2-3x^2}}\mathrm{d}x$；

(3) $\displaystyle\int \frac{\mathrm{e}^x}{x}(1+x\ln x)\mathrm{d}x$；

(4) $\displaystyle\int \sec^3 x\,\mathrm{d}x$；

(5) $\displaystyle\int \frac{1}{x+x^7}\mathrm{d}x$.

第 6 章　定积分

习题 6.1

一、主要知识点回顾

1. 定积分的定义.

2. 定积分 $\int_a^b f(x)\mathrm{d}x$ 的几何意义：＿＿＿＿＿＿＿＿＿＿＿＿＿＿＿＿＿.

3. 可积条件：

(1) 若函数 $f(x)$ 在区间 $[a,b]$ 上＿＿＿＿＿＿＿＿＿，则 $f(x)$ 在 $[a,b]$ 上可积.

(2) 若函数 $f(x)$ 在区间 $[a,b]$ 上＿＿＿＿＿＿＿＿，且只有有限个间断点,则 $f(x)$ 在 $[a,b]$ 上可积.

二、典型习题强化练习

1. 用积分和式表示抛物线 $y=\dfrac{x^2}{2}$,直线 $x=3,x=6$ 和横轴所围成的曲边梯形的面积的近似值,再取和式的极限并求其值.

2. 利用定积分的几何意义,计算下列定积分：

(1) $\int_0^1 2x\,\mathrm{d}x=$＿＿＿＿＿＿＿＿; 　　(2) $\int_0^1 \sqrt{1-x^2}\,\mathrm{d}x=$＿＿＿＿＿＿＿＿;

(3) $\int_{-\pi}^{\pi} \sin x\,\mathrm{d}x=$＿＿＿＿＿＿＿＿; 　　(4) $\int_1^2 (1+x)\,\mathrm{d}x=$＿＿＿＿＿＿＿＿.

习题 6.2

一、主要知识点回顾

1. 线性性质：$\int_a^b [k_1 f(x) + k_2 g(x)] \mathrm{d}x =$ _____.

2. 若在区间 $[a,b]$ 上，$f(x) \equiv 1$，则 $\int_a^b \mathrm{d}x =$ _____.

3. 可加性：_____ $= \int_a^c f(x)\mathrm{d}x + \int_c^b f(x)\mathrm{d}x$.

4. 若区间 $[a,b]$ 上，有 $f(x) \geqslant g(x)$，则 $\int_a^b f(x)\mathrm{d}x$ _____ $\int_a^b g(x)\mathrm{d}x$.

5. 估值不等式：设 M 及 m 分别是函数 $f(x)$ 在区间 $[a,b]$ 上的最大值及最小值，则
_____.

6. 积分中值定理：若函数 $f(x)$ 在闭区间 $[a,b]$ 上连续，则在 $[a,b]$ 上至少存在一点 ξ，
使_____.

7. _____ 称为函数 $f(x)$ 在 $[a,b]$ 上的平均值.

二、典型习题强化练习

1. 估计下列各积分的值：

(1) $\int_0^1 \mathrm{e}^{x^3} \mathrm{d}x$；

(2) $\int_{\frac{\pi}{4}}^{\frac{\pi}{3}} \dfrac{\mathrm{d}x}{1 + \sin^2 x}$.

2. 证明不等式：$\dfrac{1}{2} \leqslant \displaystyle\int_{\frac{\pi}{4}}^{\frac{\pi}{2}} \dfrac{\sin x}{x} \mathrm{d}x \leqslant \dfrac{\sqrt{2}}{2}$.

3. 比较下列各积分的大小（不计算积分的值）：

(1) $\displaystyle\int_{1}^{2} (\ln x)^2 \mathrm{d}x$ 与 $\displaystyle\int_{1}^{2} (\ln x)^3 \mathrm{d}x$；　　　　(2) $\displaystyle\int_{-2}^{-1} \mathrm{e}^{-x^2} \mathrm{d}x$ 与 $\displaystyle\int_{-2}^{-1} \mathrm{e}^{x^2} \mathrm{d}x$.

4. 用定积分表示下列函数在指定区间上的平均值：

(1) $y = \dfrac{x}{x^2+1}$, $I = [0,2]$；　　　　(2) $y = x\cos x$, $I = [0,\pi]$.

习题 6.3

一、主要知识点回顾

1. 若函数 $f(x)$ 在区间 $[a,b]$ 上连续，则 $\Phi(x)=\int_a^x f(t)\mathrm{d}t$ 在 $[a,b]$ 上可导，且 $\Phi'(x)=$ _____ ，其中 $a \leqslant x \leqslant b$.

2. 设 $\varphi(x),\psi(x)$ 可导，$\Phi(x)=\int_{\varphi(x)}^{\psi(x)} f(t)\mathrm{d}t$ ，则 $\Phi'(x)=$ _____ .

3. 牛顿-莱布尼茨公式：若函数 $F(x)$ 是连续函数 $f(x)$ 在区间 $[a,b]$ 上的一个原函数，则 $\int_a^b f(x)\mathrm{d}x=$ _____ .

二、典型习题强化练习

1. 设 $f(x)=\int_0^x \sqrt{1+t^2}\,\mathrm{d}t$ ，求 $f'(2)$.

2. 计算：

(1) $\dfrac{\mathrm{d}}{\mathrm{d}x}\int_0^{x^2} \sqrt{1+t^2}\,\mathrm{d}t$ ；

(2) $\dfrac{\mathrm{d}}{\mathrm{d}x}\int_{\sin x}^{\cos x} \cos(\pi t^2)\,\mathrm{d}t$.

3. 求由 $\displaystyle\int_2^y \frac{\ln t}{t}\mathrm{d}t + \int_2^x \frac{\ln t}{t}\mathrm{d}t = 0$ 所确定的隐函数 y 对 x 的导数 $\dfrac{\mathrm{d}y}{\mathrm{d}x}$.

4. 求下列极限：

(1) $\displaystyle\lim_{x\to+\infty} \frac{\displaystyle\int_0^x (\arctan t)^2\,\mathrm{d}t}{\sqrt{x^2+1}}$；

(2) $\displaystyle\lim_{x\to 0} \frac{\left(\displaystyle\int_0^x t^2\cos t^2\,\mathrm{d}t\right)^2}{\displaystyle\int_0^{x^2} \sin t^2\,\mathrm{d}t}$.

5. 计算下列定积分：

（1）$\displaystyle\int_0^1 \mathrm{e}^{5x}\,\mathrm{d}x$；

（2）$\displaystyle\int_0^{\frac{1}{2}} \frac{2x+1}{\sqrt{1-x^2}}\,\mathrm{d}x$；

（3）$\displaystyle\int_0^\pi \sqrt{1+\cos 2x}\,\mathrm{d}x$.

6. 设 $f(x)=\begin{cases} x^2, & 0\leqslant x<1, \\ 1+x, & 1\leqslant x<3, \end{cases}$ 求 $\displaystyle\int_{\frac{1}{2}}^{\frac{5}{2}} f(x)\,\mathrm{d}x$.

*7. 求极限 $\lim\limits_{n\to\infty} n\left[\dfrac{1}{(n+1)^2}+\dfrac{1}{(n+2)^2}+\cdots+\dfrac{1}{(n+n)^2}\right]$.（提示：利用定积分的定义）

8. 确定 a,b,c 的值，使 $\lim\limits_{x\to 0}\dfrac{ax-\sin x}{\displaystyle\int_b^x t^2\,\mathrm{d}t}=c\ (c\neq 0)$.

*9. 设 $f(x)=\begin{cases}1+x, & 0\leqslant x<1,\\ \dfrac{1}{2}x^2, & 1\leqslant x\leqslant 2,\end{cases}$ 求 $\Phi(x)=\displaystyle\int_0^x f(t)\,\mathrm{d}t$ 在 $[0,2]$ 上的表达式，并讨论 $\Phi(x)$ 在 $[0,2]$ 上的连续性.

习题 6.4

一、主要知识点回顾

1. 换元积分法:若函数 $f(x)$ 在区间 $[a,b]$ 上连续,且函数 $x=\varphi(t)$ 满足

(1) $\varphi(\alpha)=a$,$\varphi(\beta)=b$;

(2) $\varphi(t)$ 在区间 $[\alpha,\beta]$(或 $[\beta,\alpha]$)上具有连续导数,且其值域 $W(\varphi)\subset[a,b]$,

则有 $\int_a^b f(x)\mathrm{d}x=$ _____(注意积分上下限的对应).

2. 分部积分法:$\int_a^b u\,\mathrm{d}v=$ _____.

3. 若 $f(x)$ 在 $[-a,a]$ 上连续且为偶函数,则 $\int_{-a}^a f(x)\mathrm{d}x=$ _____.

4. 若 $f(x)$ 在 $[-a,a]$ 上连续且为奇函数,则 $\int_{-a}^a f(x)\mathrm{d}x=$ _____.

5. $\int_0^{\frac{\pi}{2}} \sin^n x\,\mathrm{d}x=\int_0^{\frac{\pi}{2}} \cos^n x\,\mathrm{d}x=$ _____.

二、典型习题强化练习

1. 计算下列定积分:

(1) $\int_{-1}^1 \dfrac{\mathrm{d}x}{\sqrt{5-4x}}$;

(2) $\int_1^e \dfrac{1+\ln x}{x}\mathrm{d}x$;

（3）$\int_0^{\ln 2} \sqrt{e^x - 1}\,dx$；

（4）$\int_0^1 \frac{x}{1 + \sqrt{x}}\,dx$；

（5）$\int_0^2 \sqrt{4 - x^2}\,dx$.

*2. 试证 $\int_0^{\frac{\pi}{2}} \frac{\sin^3 x}{\sin x + \cos x}\,dx = \int_0^{\frac{\pi}{2}} \frac{\cos^3 x}{\sin x + \cos x}\,dx$ 并求值.

3. 利用函数的奇偶性计算：

（1）$\int_{-1}^1 x^{2004}(e^x - e^{-x})\,dx$；

（2）$\int_{-\frac{\pi}{2}}^{\frac{\pi}{2}} (x + \cos x^2)\sin x\,dx$.

4. 计算定积分：$\displaystyle\int_{-1}^{1} \dfrac{2x^2 + x\cos x}{1 + \sqrt{1 - x^2}} \mathrm{d}x$.

*5. 设 $f(x) = \begin{cases} \mathrm{e}^{-2x}, & -1 \leqslant x \leqslant 0, \\ \dfrac{x^2}{1+x^2}, & 0 < x \leqslant 1, \end{cases}$ 求 $\displaystyle\int_0^2 f(t-1)\,\mathrm{d}t$.

6. 计算下列定积分：

(1) $\displaystyle\int_0^{\frac{\pi}{2}} \mathrm{e}^x \cos x\,\mathrm{d}x$；

(2) $\displaystyle\int_0^{\frac{1}{\mathrm{e}}} \ln(x+1)\,\mathrm{d}x$；

(3) $\displaystyle\int_{\frac{1}{\mathrm{e}}}^{\mathrm{e}} |\ln x|\,\mathrm{d}x$.

7. 已知 $f(0) = f'(0) = -1$, $f(2) = f'(2) = 1$,求 $\int_0^2 x f''(x) \, dx$.

*8. 设 $f(x) = x - \int_0^{\pi} f(x) \cos x \, dx$,试求 $f(x)$.

习题 6.5

一、主要知识点回顾

1. 无穷限反常积分.

2. 无穷限反常积分计算方法:若反常积分 $\int_a^{+\infty} f(x)\mathrm{d}x$,$\int_{-\infty}^b f(x)\mathrm{d}x$,$\int_{-\infty}^{+\infty} f(x)\mathrm{d}x$ 收敛,且 $F'(x) = f(x)$,则 $\int_a^{+\infty} f(x)\mathrm{d}x = $ \underline{\hspace{8cm}},$\int_{-\infty}^b f(x)\mathrm{d}x = $ \underline{\hspace{6cm}},$\int_{-\infty}^{+\infty} f(x)\mathrm{d}x = $ \underline{\hspace{5cm}}.

3. 无界函数的反常积分.

4. 无界函数的反常积分计算方法:

(1) 设 $f(x)$ 在区间 $[a,b)$ 上连续,且 $F'(x) = f(x)$,b 为瑕点,则 $\int_a^b f(x)\mathrm{d}x = $ \underline{\hspace{5cm}};

(2) 设 $f(x)$ 在区间 $(a,b]$ 上连续,且 $F'(x) = f(x)$,a 为瑕点,则 $\int_a^b f(x)\mathrm{d}x = $ \underline{\hspace{5cm}};

(3) 设 $f(x)$ 在区间 (a,b) 内连续,且 $F'(x) = f(x)$,a,b 都为瑕点,则 $\int_a^b f(x)\mathrm{d}x = $ \underline{\hspace{5cm}}.

二、典型习题强化练习

1. 判断下列反常积分的敛散性;如果收敛,计算反常积分的值:

(1) $\int_e^{+\infty} \dfrac{\mathrm{d}x}{x\ln^2 x}$;

(2) $\int_0^{+\infty} \dfrac{\mathrm{d}x}{1 + \mathrm{e}^x}$;

（3）$\int_{-\infty}^{+\infty} \dfrac{2x}{1+x^2} \mathrm{d}x$；

（4）$\int_0^1 \dfrac{\mathrm{d}x}{\sqrt{1-x^2}}$；

（5）$\int_0^{+\infty} \dfrac{\mathrm{d}x}{\sqrt{x}\,(1+x)}$．

2．计算下列反常积分：

（1）$\int_0^{+\infty} \dfrac{x^2}{x^6+x^3+1} \mathrm{d}x$；

（2）$\int_2^{+\infty} \dfrac{1+\ln x}{x\ln^3 x} \mathrm{d}x$．

单元测试 6

1. 设函数 $f(x) = \displaystyle\int_0^{x^2} \ln(1+t)\,\mathrm{d}t$，则 $f'(x)$ 的零点个数为（　　）.

A. 3   B. 2   C. 1   D. 0

2. 设 $f(x)$ 为连续函数，且 $F(x) = \displaystyle\int_{\frac{1}{x}}^{2\ln x} f(t+1)\,\mathrm{d}t$，则 $F'(x)$ 等于（　　）.

A. $\dfrac{2}{x}f(2\ln x + 1) + \dfrac{1}{x^2}f\left(\dfrac{1}{x} + 1\right)$ B. $f(2\ln x + 1) + f\left(\dfrac{1}{x} + 1\right)$

C. $\dfrac{2}{x}f(2\ln x + 1) - \dfrac{1}{x^2}f\left(\dfrac{1}{x} + 1\right)$ D. $f(2\ln x + 1) - f\left(\dfrac{1}{x} + 1\right)$

3. 填空：

(1) $\displaystyle\int_{-\frac{\pi}{2}}^{\frac{\pi}{2}} \left(\dfrac{2\sin x}{1+\cos x} + |x|\right)\mathrm{d}x = $ _____ ;

(2) $\displaystyle\int_{-\frac{\pi}{2}}^{\frac{\pi}{2}} (x^5 + \sin^2 x)\cos^2 x\,\mathrm{d}x = $ _____ .

4. 计算下列定积分：

(1) $\displaystyle\int_1^2 \dfrac{1}{x^2} \mathrm{e}^{\frac{1}{x}}\,\mathrm{d}x$;   (2) $\displaystyle\int_0^{\pi^2} \sqrt{x}\cos\sqrt{x}\,\mathrm{d}x$;

(3) $\displaystyle\int_0^2 x\sqrt{2x-x^2}\,\mathrm{d}x.$　　　　(4) $\displaystyle\int_1^9 \frac{\ln x}{\sqrt{x}}\,\mathrm{d}x;$

(5) $\displaystyle\int_1^2 \log_2 x\,\mathrm{d}x.$

5. 设函数 $f(x)$ 具有二阶连续导数, 若曲线 $f(x)$ 过点 $(0,0)$ 且与曲线 $y=x^2+1$ 在点 $(1,2)$ 处相切, 求 $\displaystyle\int_0^1 xf''(x)\,\mathrm{d}x.$

6. 设 $f(x) = \begin{cases} 2x + \dfrac{3}{2}x^2, & -1 \leqslant x < 0, \\ \dfrac{\mathrm{e}^x}{(1+\mathrm{e}^x)^2}, & 0 \leqslant x \leqslant 1, \end{cases}$ 求函数 $F(x) = \displaystyle\int_{-1}^{x} f(t)\mathrm{d}t$ 的表达式.

7. 求函数 $I(x) = \displaystyle\int_{0}^{x^2} \mathrm{e}^{-t^2}\mathrm{d}t$ 的极值.

8. 设 $f(x)$ 是连续函数,证明:$\displaystyle\int_{0}^{a} x^3 f(x^2)\mathrm{d}x = \frac{1}{2}\int_{0}^{a^2} x f(x)\mathrm{d}x.$

第 7 章　定积分的应用

习题 7.1－7.2

一、主要知识点回顾

1. 由曲线 $y=f_1(x)$，$y=f_2(x)$，$x=a$，$x=b(a<b)$ 所围成的平面图形的面积 $A=$

＿＿＿＿＿＿＿＿＿＿＿＿.

2. 由曲线 $x=g_1(y)$，$x=g_2(y)$，$y=c$，$y=d(c<d)$ 所围成的平面图形的面积 $A=$

＿＿＿＿＿＿＿＿＿＿＿＿.

3. 在极坐标系下，由连续曲线 $r=r(\theta)(\alpha\leqslant\theta\leqslant\beta)$ 及射线 $\theta=\alpha$，$\theta=\beta$ 所围成的曲边扇形的面积 $A=$ ＿＿＿＿＿＿＿＿＿＿＿＿.

4. 在 xOy 平面内由曲线 $y=f(x)$ 与直线 $x=a$，$x=b$，$y=0(a<b)$ 所围成的平面图形绕 x 轴旋转一周而成的旋转体的体积 $V=$ ＿＿＿＿＿＿＿＿＿＿＿＿.

5. 在 xOy 平面内由曲线 $x=g(y)$ 与直线 $y=c$，$y=d$，$x=0(c<d)$ 所围成的平面图形绕 y 轴旋转一周而成的旋转体的体积 $V=$ ＿＿＿＿＿＿＿＿＿＿＿＿.

6. 曲线弧段的方程 $y=f(x)$，且 $f(x)$ 在 $[a,b]$ 上有一阶连续导数，则弧长 $s=$

＿＿＿＿＿＿＿＿＿＿＿＿.

二、典型习题强化练习

1. 求下列各曲线所围成的平面图形的面积：

(1) $y=x^2-4x+5$，$x=3$，$x=5$，$y=0$；

（2）$y = \ln x$，$x = 0$，$y = \ln 5$，$y = \ln 8$.

2. 求曲线 $y = x^3 - x^2 - 2x$ 与 x 轴所围成图形的面积.

3. 在曲线 $y = x^2 (x \geq 0)$ 上某点 A 处作一切线，切线与 x 轴的交点为 $\left(\dfrac{1}{2}, 0 \right)$，求此切线与曲线及 x 轴所围成图形的面积.

*4. 已知曲线 $y = a\sqrt{x}$ $(a > 0)$ 与曲线 $y = \ln\sqrt{x}$ 在点 (x_0, y_0) 处有公共切线,求:

(1)常数 a 及切点 (x_0, y_0);

(2)两曲线与 x 轴所围成的平面图形的面积 A.

5. 求下列已知曲线所围成的图形按指定轴旋转所生成旋转体的体积:

(1) $y^2 = 2x$, $x = \dfrac{1}{2}$, $y = 0$, 绕 y 轴;

(2) $x^2 + (y-3)^2 = 1$, 绕 x 轴.

6. 证明:由平面图形 $0 < a \leqslant x \leqslant b, 0 \leqslant y \leqslant f(x)$ 绕 y 轴旋转所生成旋转体的体积为 $V = 2\pi \int_a^b x f(x) \, \mathrm{d}x.$

7. 计算曲线 $y = \int_0^x \tan u \, \mathrm{d}u$ 上对应于 $x \in \left[0, \dfrac{\pi}{4}\right]$ 的一段弧的长度.

单元测试 7

1. 由连续曲线 $y=f_1(x)$，$y=f_2(x)$（$f_1(x)\leqslant f_2(x)$），直线 $x=a$，$x=b(a\leqslant b)$ 所围成的图形面积 S 为（　　）.

A. $S=\int_a^b f_1(x)\mathrm{d}x+\int_a^b f_2(x)\mathrm{d}x$ 　　　B. $S=\int_a^b f_1(x)\mathrm{d}x-\int_a^b f_2(x)\mathrm{d}x$

C. $S=\int_a^b[f_1(x)-f_2(x)]\mathrm{d}x$ 　　　D. $S=\int_a^b[f_2(x)-f_1(x)]\mathrm{d}x$

2. 曲线 $y=x(x-1)(3-x)$ 与 x 轴所围图形的面积可表示为（　　）.

A. $-\int_0^3 x(x-1)(3-x)\mathrm{d}x$

B. $-\int_0^1 x(x-1)(3-x)\mathrm{d}x+\int_1^3 x(x-1)(3-x)\mathrm{d}x$

C. $\int_0^1 x(x-1)(3-x)\mathrm{d}x-\int_1^3 x(x-1)(3-x)\mathrm{d}x$

D. $\int_0^3 x(x-1)(3-x)\mathrm{d}x$

3. 求曲线 $y=\dfrac{1}{2}x^2$ 与 $x^2+y^2=8$ 所围成的上方部分图形的面积.

4. 求抛物线 $y=-x^2+4x-3$ 在点 $(0,-3)$ 和 $(3,0)$ 处的切线与 x 轴所围成的图形的面积.

5. 由 $y = x^3, x = 2, y = 0$ 所围成的图形分别绕 x 轴及 y 轴旋转,计算所得两个旋转体的体积.

6. 求由曲线 $y = x^2 - 2x$ 与直线 $x = 1, x = 3$ 及 $y = 0$ 所围成的平面图形的面积,并求该平面图形分别绕 x 轴与 y 轴旋转一周而成的旋转体的体积.

7. 过点 $(0,2)$ 作曲线 $L: y = 2\ln x$ 的切线,切点为 A,又 L 与 x 轴交于点 B,区域 D 由 L 与直线 AB 围成.求区域 D 的面积及 D 绕 x 轴旋转一周所得旋转体的体积.

第8章　无穷级数

习题 8.1

一、主要知识点回顾

1. 定义:如果级数 $\sum\limits_{n=1}^{\infty} u_n$ 的部分和数列 $\{s_n\}$ 收敛于 s ,即＿＿＿＿＿＿＿＿＿,则称级数 $\sum\limits_{n=1}^{\infty} u_n$ 收敛,并称＿＿＿＿为级数 $\sum\limits_{n=1}^{\infty} u_n$ 的和;如果级数 $\sum\limits_{n=1}^{\infty} u_n$ 的部分和数列 $\{s_n\}$ 发散,则称级数 $\sum\limits_{n=1}^{\infty} u_n$ 发散,发散级数没有和.

2. 级数 $\sum\limits_{n=1}^{\infty} u_n$ 收敛的必要条件为＿＿＿＿＿＿＿＿＿＿＿＿＿＿＿＿＿＿＿.

3. 收敛级数的性质:

(1)若级数 $\sum\limits_{n=1}^{\infty} u_n$ 收敛,其和为 s ,而 k 为一常数,则级数 $\sum\limits_{n=1}^{\infty} ku_n$ 也收敛,且其和为 ks ,即 $\sum\limits_{n=1}^{\infty} ku_n =$ ＿＿＿＿＿＿＿＿＿;

(2)若级数 $\sum\limits_{n=1}^{\infty} u_n$ 与 $\sum\limits_{n=1}^{\infty} v_n$ 都收敛,它们的和分别为 s 和 σ ,则 $\sum\limits_{n=1}^{\infty} (u_n \pm v_n)$ 也收敛,且其和为 $s \pm \sigma$,即 $\sum\limits_{n=1}^{\infty} (u_n \pm v_n) =$ ＿＿＿＿＿＿＿＿＿;

(3)设 $\sum\limits_{n=1}^{\infty} u_n$ 收敛, $\sum\limits_{n=1}^{\infty} v_n$ 发散,则 $\sum\limits_{n=1}^{\infty} (u_n \pm v_n)$ 一定＿＿＿＿＿(填"收敛"或"发散").

4. 等比级数 $\sum\limits_{n=1}^{\infty} aq^n (a \neq 0)$ 当＿＿＿＿＿＿＿＿时收敛,和为＿＿＿＿＿＿＿＿;当＿＿＿＿＿＿＿＿时发散.

5. 调和级数 $\sum\limits_{n=1}^{\infty} \dfrac{1}{n} = 1 + \dfrac{1}{2} + \cdots + \dfrac{1}{n} + \cdots$ ＿＿＿＿＿(填"收敛"或"发散").

1. 已知级数 $\sum\limits_{n=1}^{\infty} u_n$ 的前 n 项和 $s_n = \dfrac{2n}{n+1}$，则

(1) 级数的一般项 $u_n =$ _____；

(2) 级数的和 $s =$ _____．

2. 写出级数 $\sum\limits_{n=1}^{\infty} \dfrac{1}{(2n-1)(2n+1)}$ 的部分和 s_n，并讨论该级数的敛散性．

3. 若级数 $\sum\limits_{n=1}^{\infty} u_n (u_n \neq 0)$ 收敛，则下列级数中收敛的是（　　）．

A. $\sum\limits_{n=1}^{\infty} (u_n + 0.01)$

B. $\sum\limits_{n=1}^{\infty} u_{n+100}$

C. $\sum\limits_{n=1}^{\infty} \dfrac{1}{u_n}$

D. $\sum\limits_{n=1}^{\infty} \dfrac{0.01}{u_{n+1} - u_n}$

4. 判断下列级数的敛散性：

(1) $\sum\limits_{n=1}^{\infty} \left(\dfrac{2}{n} - \dfrac{1}{2^n} \right)$；

(2) $\sum\limits_{n=1}^{\infty} \dfrac{n + 2^n}{n \cdot 2^n}$；

(3) $\sum\limits_{n=1}^{\infty}\left[\dfrac{1}{2^n}+\dfrac{3}{n(n+1)}\right]$；

(4) $\sum\limits_{n=1}^{\infty}\left(\dfrac{n}{n+1}\right)^n$；

(5) $\sum\limits_{n=1}^{\infty}\ln\left(1+\dfrac{1}{n}\right)$；

(6) $\sum\limits_{n=1}^{\infty}n^2\arctan\dfrac{1}{n^2}$.

习题 8.2

一、主要知识点回顾

1. 正项级数 $\sum\limits_{n=1}^{\infty} u_n$ 收敛的充要条件:部分和数列 $\{s_n\}$ _____.

2. p 级数 $\sum\limits_{n=1}^{\infty} \dfrac{1}{n^p}$,当 p _____时收敛;当 p _____时发散.

3. (比较审敛法)设 $\sum\limits_{n=1}^{\infty} u_n$ 和 $\sum\limits_{n=1}^{\infty} v_n$ 都是正项级数,且 $u_n \leqslant v_n, n=1,2,3,\cdots$(更一般地,该条件也可换为存在自然数 N ,使当 $n > N$ 时,有 $u_n \leqslant k v_n (k > 0)$ 成立),若级数 $\sum\limits_{n=1}^{\infty} v_n$ 收敛,则级数 $\sum\limits_{n=1}^{\infty} u_n$ _____;若级数 $\sum\limits_{n=1}^{\infty} u_n$ 发散,则级数 $\sum\limits_{n=1}^{\infty} v_n$ _____.

4. (比较审敛法的极限形式)设 $\sum\limits_{n=1}^{\infty} u_n$ 和 $\sum\limits_{n=1}^{\infty} v_n$ 都是正项级数,

(1) 若 $\lim\limits_{n\to\infty} \dfrac{u_n}{v_n} = l\,(0 \leqslant l < +\infty)$,且级数 $\sum\limits_{n=1}^{\infty} v_n$ 收敛,则级数 $\sum\limits_{n=1}^{\infty} u_n$ _____;

(2) 若 $\lim\limits_{n\to\infty} \dfrac{u_n}{v_n} = l\,(0 < l < +\infty)$ 或 $\lim\limits_{n\to\infty} \dfrac{u_n}{v_n} = +\infty$,且级数 $\sum\limits_{n=1}^{\infty} v_n$ 发散,则级数 $\sum\limits_{n=1}^{\infty} u_n$ _____.

5. (极限审敛法)设 $\sum\limits_{n=1}^{\infty} u_n$ 是正项级数,

(1) 若 $p \leqslant 1, \lim\limits_{n\to\infty} n^p \cdot u_n = A > 0$(或 $\lim\limits_{n\to\infty} n^p \cdot u_n = +\infty$),则级数 $\sum\limits_{n=1}^{\infty} u_n$ _____;

(2) 若 $p > 1, \lim\limits_{n\to\infty} n^p \cdot u_n = A\,(0 \leqslant A < +\infty)$,则级数 $\sum\limits_{n=1}^{\infty} u_n$ _____.

6. (比值审敛法)设 $\sum\limits_{n=1}^{\infty} u_n$ 是正项级数,且 $u_n > 0$,若 $\lim\limits_{n\to\infty} \dfrac{u_{n+1}}{u_n} = \rho$,则

(1) 当 $\rho < 1$ 时, $\sum\limits_{n=1}^{\infty} u_n$ _____;

(2) 当 $\rho > 1 \left(\text{或} \lim\limits_{n\to\infty} \dfrac{u_{n+1}}{u_n} = +\infty\right)$ 时, $\sum\limits_{n=1}^{\infty} u_n$ _____;

(3) 当 $\rho = 1$ 时,比值判别法失效,用其他方法判断敛散性.

7. (根值审敛法)设 $\sum\limits_{n=1}^{\infty} u_n$ 是正项级数,若 $\lim\limits_{n\to\infty} \sqrt[n]{u_n} = \rho$,则

(1) 当 $\rho < 1$ 时, $\sum\limits_{n=1}^{\infty} u_n$ _____;

(2) 当 $\rho > 1 (\text{或} \lim\limits_{n\to\infty} \sqrt[n]{u_n} = +\infty)$ 时, $\sum\limits_{n=1}^{\infty} u_n$ _____;

(3) 当 $\rho = 1$ 时,根值判别法失效,用其他方法判断敛散性.

二、典型习题强化练习

1. 用比较审敛法判别下列正项级数的敛散性：

（1）$\displaystyle\sum_{n=1}^{\infty} \sin\frac{\pi}{3^n}$；

（2）$\displaystyle\sum_{n=1}^{\infty} \frac{\ln\left(1+\dfrac{1}{n}\right)}{2n}$；

（3）$\displaystyle\sum_{n=1}^{\infty} \frac{1}{n\cdot 2^n}$.

2. 用比值审敛法判别下列正项级数的敛散性：

(1) $\displaystyle\sum_{n=1}^{\infty} \frac{1}{(2n-1)!}$;

(2) $\displaystyle\sum_{n=1}^{\infty} \frac{a^n n!}{n^n}$;

(3) $\displaystyle\sum_{n=1}^{\infty} \frac{3^n}{n \cdot 2^n}$.

3. 用根值审敛法判别下列正项级数的敛散性：

(1) $\sum\limits_{n=1}^{\infty}\left(1-\dfrac{1}{n}\right)^{n^2}$;

(2) $\sum\limits_{n=1}^{\infty}\dfrac{1}{2^n}\left(1+\dfrac{1}{n}\right)^{n^2}$;

(3) $\sum\limits_{n=2}^{\infty}\dfrac{2^n}{\sqrt{n^n}}$.

4. 判别下列正项级数的敛散性：

(1) $\sum\limits_{n=1}^{\infty} \left(1 - \cos\dfrac{\pi}{n}\right)$;

(2) $\sum\limits_{n=1}^{\infty} \dfrac{1 \cdot 3 \cdot \cdots \cdot (2n-1)}{3^n n!}$;

(3) $\sum\limits_{n=1}^{\infty} \dfrac{n}{(n+1)(n+2)(n+3)}$.

习题 8.3

一、主要知识点回顾

1. 若交错级数 $\sum\limits_{n=1}^{\infty}(-1)^{n-1}u_n$ 满足条件:

(1) $u_n \geqslant u_{n+1}(n=1,2,3,\cdots)$;

(2) _____,

则级数收敛,且其和 $s \leqslant$ _____.

2. 设 $\sum\limits_{n=1}^{\infty}u_n$ 为任意项级数,若级数 $\sum\limits_{n=1}^{\infty}|u_n|$ 收敛,则称级数 $\sum\limits_{n=1}^{\infty}u_n$ _____;

若级数 $\sum\limits_{n=1}^{\infty}u_n$ 收敛,而 $\sum\limits_{n=1}^{\infty}|u_n|$ 发散,则称级数 $\sum\limits_{n=1}^{\infty}u_n$ _____.

3.(绝对值审敛法)若级数 $\sum\limits_{n=1}^{\infty}|u_n|$ 收敛,则级数 $\sum\limits_{n=1}^{\infty}u_n$ 必定_____;

级数 $\sum\limits_{n=1}^{\infty}|u_n|$ 发散,级数 $\sum\limits_{n=1}^{\infty}u_n$ 未必发散. 但是,若判断级数 $\sum\limits_{n=1}^{\infty}|u_n|$ 发散用的是比值

审敛法或根值审敛法,则可判定级数 $\sum\limits_{n=1}^{\infty}u_n$ 一定发散,其原因是_____.

二、典型习题强化练习

1. 判别下列级数是否收敛;如果收敛,是绝对收敛还是条件收敛?

(1) $\sum\limits_{n=1}^{\infty}(-1)^n \dfrac{1}{2^n}$;

(2) $\sum\limits_{n=1}^{\infty}(-1)^n(\sqrt{n+1}-\sqrt{n})$;

(3) $\sum\limits_{n=1}^{\infty}(-1)^{n+1}\dfrac{2^{n^2}}{n!}$;

(4) $\sum\limits_{n=1}^{\infty}(-1)^n \dfrac{1}{3^n}\left(1+\dfrac{1}{n}\right)^{n^2}$.

*2. 判定下列级数的敛散性:

(1) $\displaystyle\sum_{n=1}^{\infty} \dfrac{1}{n\sqrt[n]{n}}$;

(2) $\displaystyle\sum_{n=1}^{\infty} \dfrac{x^n}{(1+x^n)^2}\ (x \neq -1)$.

习题 8.4

一、主要知识点回顾

1. 函数项级数：$\sum\limits_{n=1}^{\infty} u_n(x) = u_1(x) + u_2(x) + u_3(x) + \cdots + u_n(x) + \cdots$.

2. 形如 $\sum\limits_{n=0}^{\infty} a_n(x-x_0)^n$ 的级数称为 $(x-x_0)$ 的幂级数. 如果 $x_0 = 0$，级数 $\sum\limits_{n=0}^{\infty} a_n x^n$ 是 x 的幂级数.

3. 阿贝尔定理：若幂级数 $\sum\limits_{n=0}^{\infty} a_n x^n$ 在点 $x_1 \neq 0$ 处收敛，则对满足不等式＿＿＿＿＿＿＿＿＿ 的任何 x，幂级数收敛且绝对收敛；若幂级数在点 x_2 处发散，则对满足不等式 ＿＿＿＿＿＿＿＿＿的任何 x，幂级数也发散.

4. 幂级数 $\sum\limits_{n=0}^{\infty} a_n x^n (a_n \neq 0)$ 的收敛半径 $R = $＿＿＿＿＿＿＿＿＿；收敛区间；收敛域.

5. 幂级数的解析性质：

(1) 在收敛区间内幂级数的和函数 $s(x)$ 连续；

(2) 幂级数在收敛区间内可逐项积分，即 $\int_0^x \left(\sum\limits_{n=0}^{\infty} a_n x^n \right) \mathrm{d}x = $＿＿＿＿＿＿＿＿＿；

(3) 幂级数在收敛区间内可逐项求导，即 $\left(\sum\limits_{n=0}^{\infty} a_n x^n \right)' = $＿＿＿＿＿＿＿＿＿.

二、典型习题强化练习

1. 求下列幂级数的收敛区间及和函数：

(1) $1 - \dfrac{x}{2} + \left(\dfrac{x}{2}\right)^2 - \cdots + (-1)^n \left(\dfrac{x}{2}\right)^n + \cdots$；

(2) $2 + 2\left(\dfrac{x}{3}\right)^2 + 2\left(\dfrac{x}{3}\right)^4 + \cdots + 2\left(\dfrac{x}{3}\right)^{2n} + \cdots.$

2. 求下列幂级数的收敛半径、收敛区间与收敛域：

(1) $\displaystyle\sum_{n=1}^{\infty}(-1)^{n-1}(2x)^n$；

(2) $\displaystyle\sum_{n=1}^{\infty}\dfrac{5^n}{n^2}x^n$；

（3）$\sum\limits_{n=1}^{\infty}(2^n+1)x^{2n+1}$；

（4）$\sum\limits_{n=1}^{\infty}(-1)^{n-1}\dfrac{(x-5)^n}{\sqrt{n}}$．

3. 利用幂级数的解析性质，求级数 $\sum\limits_{n=0}^{\infty}\dfrac{x^{2n+1}}{2n+1}$ 的和函数．

4. 利用幂级数的解析性质,求级数 $1+2x+3x^2+\cdots+nx^{n-1}+\cdots$ 的和函数.

5. 利用幂级数的解析性质,求幂级数 $\displaystyle\sum_{n=1}^{\infty}(-1)^{n+1}\frac{x^n}{n(n+1)}$ 的和函数.

习题 8.5

一、主要知识点回顾

1. 函数展开成幂级数的充要条件.

2. 函数展开成幂级数的方法：

（1）直接展开法：利用麦克劳林级数.

$e^x = $＿＿＿＿＿＿＿＿＿＿＿＿＿＿＿＿＿＿＿＿＿＿＿＿＿＿＿＿＿＿＿；

$\sin x = $＿＿＿＿＿＿＿＿＿＿＿＿＿＿＿＿＿＿＿＿＿＿＿＿＿＿＿＿＿；

$(1+x)^m = $＿＿＿＿＿＿＿＿＿＿＿＿＿＿＿＿＿＿＿＿＿＿＿＿＿＿；

$\dfrac{1}{1-x} = $＿＿＿＿＿＿＿＿＿＿＿＿＿＿＿＿＿＿＿＿＿＿＿＿＿＿＿；

$\dfrac{1}{1+x} = $＿＿＿＿＿＿＿＿＿＿＿＿＿＿＿＿＿＿＿＿＿＿＿＿＿＿＿．

（2）间接展开法：利用已知函数展开式,运用变量代换、四则运算、逐项求导和逐项求积分等方法.

二、典型习题强化练习

1. 把下列函数展开成 x 的幂级数,并写出收敛域：

（1）$y = \ln(3+x)$；

（2）$y = \dfrac{x}{1-x^2}$；

（3）$y = \cos^2 x.$

2. 将函数 $f(x) = \dfrac{1}{3-x}$ 在以下点处展开成幂级数，并求出幂级数的收敛域：

（1）$x = 0$；

（2）$x = 1.$

3. 将函数 $f(x) = \dfrac{1}{x^2 + 3x + 2}$ 在 $x = -3$ 处展开成幂级数.

单元测试 8

1. $1 + \dfrac{2}{\sqrt{5}} + \dfrac{4}{5} + \dfrac{8}{5\sqrt{5}} + \cdots = $ _____.

2. 设级数 $\displaystyle\sum_{n=0}^{\infty} \dfrac{1}{1+a^n}$ $(a > 0)$收敛,则 a 满足_____.

3. 设级数 $\displaystyle\sum_{n=0}^{\infty} a_n x^n$ 的收敛区间为 $(-3,3)$,则 $\displaystyle\sum_{n=0}^{\infty} a_n (x-1)^{n+1}$ 的收敛区间为

_____.

4. 如果级数 $\displaystyle\sum_{n=0}^{\infty} a_n$ 绝对收敛,且 $\lim\limits_{n \to \infty} na_n$ 存在,则 $\lim\limits_{n \to \infty} na_n = $ _____.

5. $f(x) = x^2 + 2x + 1$ 在 $x=1$ 处的幂级数展开式为_____.

6. 判断下列说法是否正确:

(1) 若级数 $\displaystyle\sum_{n=1}^{\infty} (u_n \pm v_n)$ 收敛,则级数 $\displaystyle\sum_{n=1}^{\infty} u_n$ 和 $\displaystyle\sum_{n=1}^{\infty} v_n$ 都收敛. ( )

(2) 改变级数的有限项不会改变级数的和. ( )

(3) 当 $\lim\limits_{n \to \infty} u_n = 0$ 时,级数 $\displaystyle\sum_{n=1}^{\infty} u_n$ 不一定收敛. ( )

7. 判断级数 $\displaystyle\sum_{n=1}^{\infty} (-1)^{n-1} \dfrac{\ln n}{n}$ 的收敛性.

8. 求幂级数 $\displaystyle\sum_{n=2}^{\infty} \dfrac{x^n}{(n-1)n}$ 的和函数.

第 9 章　微分方程

习题 9.1

一、主要知识点回顾

1. 由 ＿＿＿＿＿＿＿＿＿＿＿＿组成的方程称为微分方程.

2. 微分方程中出现未知函数的＿＿＿＿＿＿＿＿的阶数,称为微分方程的阶数.

3. n 阶微分方程的一般形式为＿＿＿＿＿＿＿＿＿或＿＿＿＿＿＿＿＿.

4. 微分方程的解、通解、特解;解微分方程.

5. 初始条件;初值问题.

二、典型习题强化练习

1. 判断下列方程是否为微分方程;如果是,写出方程的阶数.

(1) $x \dfrac{\mathrm{d}y}{\mathrm{d}x} + y = 0$;　　　　　　　答:＿＿＿＿＿＿

(2) $y'' + 2(y')^3 y + 2x = 1$;　　　　答:＿＿＿＿＿＿

(3) $3t \dfrac{\mathrm{d}^3 s}{\mathrm{d}t^3} + 2 \dfrac{\mathrm{d}^2 s}{\mathrm{d}t^2} + s^2 = 0$;　　　答:＿＿＿＿＿＿

(4) $3y^2 \mathrm{d}y + x^2 \mathrm{d}x = 1$;　　　　答:＿＿＿＿＿＿

(5) $y^2 - \dfrac{y}{x} = \dfrac{x}{y}$.　　　　　　答:＿＿＿＿＿＿

2. 判断下表中左列函数是否为右列对应微分方程的解;如果是,是通解还是特解?

函数	微分方程	答
$y = \mathrm{e}^{-3x} + \dfrac{1}{3}$	$y' + 3y = 1$	
$y = (x^2 + C) \sin x$	$\dfrac{\mathrm{d}y}{\mathrm{d}x} - y \cot x - 2x \sin x = 0$	
$y = x^2$	$\mathrm{d}y - 2x \mathrm{d}x = 0$	
$y = x + \displaystyle\int_0^x \mathrm{e}^{-t^2} \mathrm{d}t$	$y'' + 2xy' = x$	
$y = C_1 \mathrm{e}^{-2x} + C_2 \mathrm{e}^{-x}$	$y'' + 3y' + 2y = 0$	

3. 已知 $y=(C_1+C_2x)e^{2x}$ 是微分方程 $y''-4y'+4y=0$ 的通解,试求方程满足初始条件 $y|_{x=0}=0$,$y'|_{x=0}=1$ 的特解.

4. 已知一曲线过点 $(1,2)$,且在该曲线上任意点处的切线斜率为 $3x^2$,求该曲线的方程.

习题 9.2

一、主要知识点回顾

1. 可分离变量的微分方程：

形如＿＿＿＿＿＿＿＿＿＿的微分方程称为可分离变量的微分方程. 此类方程的求解方法为＿＿＿＿＿＿＿＿＿＿.

2. 可化为可分离变量的微分方程：

(1) 形如＿＿＿＿＿＿＿＿＿＿的微分方程称为齐次方程，令＿＿＿＿＿＿＿将方程化为＿＿＿＿＿＿＿＿＿＿.

(2) 对于 $y' = f(ax + by + c)$ 型微分方程，令＿＿＿＿＿＿将方程化为＿＿＿＿＿＿.

3. 一阶线性微分方程：

一阶线性微分方程的标准形式为＿＿＿＿＿＿＿＿＿＿＿＿＿＿＿＿，其通解为＿＿＿＿＿＿＿＿＿＿＿＿＿＿＿＿＿＿＿＿.

4. 伯努利方程：

形如 $y' + P(x)y = Q(x)y^n (n \neq 0, 1)$ 的方程称为伯努利方程，令＿＿＿＿＿＿＿＿＿＿将方程化为一阶线性微分方程＿＿＿＿＿＿＿＿＿＿＿＿＿＿＿＿＿＿.

二、典型习题强化练习

1. 求下列微分方程的通解或满足初始条件的特解：

(1) $y' = 3x^2(1+y)^2$；　　　　　　　　(2) $\mathrm{d}x + xy\,\mathrm{d}y = y^2\,\mathrm{d}x + y\,\mathrm{d}y$；

(3) $y\mathrm{e}^{x+y}\mathrm{d}y=\mathrm{d}x$, $y(0)=1$;   (4) $\mathrm{d}y=x(2y\mathrm{d}x-x\mathrm{d}y)$, $y(1)=4$.

2. 将下列微分方程化为齐次方程,并求解:

(1) $x(\ln x-\ln y)\mathrm{d}y-y\mathrm{d}x=0$;   (2) $xy'=x\mathrm{e}^{\frac{y}{x}}+y$, $y(1)=0$;

(3) $\dfrac{\mathrm{d}y}{\mathrm{d}x}=\dfrac{y}{x}-\dfrac{1}{2}\left(\dfrac{y}{x}\right)^{3}$, $y(1)=1$;   (4) $y^{2}+x^{2}\dfrac{\mathrm{d}y}{\mathrm{d}x}=xy\dfrac{\mathrm{d}y}{\mathrm{d}x}$.

3.求下列微分方程的通解或满足初始条件的特解：

（1）$xy' - 3y = x^4$；　　　　　　　　　　（2）$y^3 \mathrm{d}x + (2xy^2 - 1)\mathrm{d}y = 0$；

（3）$y' - 2xy = x - x^3$，$y(0) = 1$；　　　　　　（4）$(1 - x^2)y' + xy = 1$，$y(0) = 1$.

4.求一曲线的方程，该曲线过原点，并且它在点(x, y)处的切线斜率等于$2x + y$.

习题 9.3

一、主要知识点回顾

可降阶的高阶微分方程：

(1) n 阶微分方程 $y^{(n)}=f(x)$ 可通过＿＿＿＿＿＿＿＿得到方程的通解.

(2) 二阶微分方程 $y''=f(x,y')$ 不显含＿＿＿＿＿＿，可令 $y'=p(x)$ 将方程化为一阶微分方程＿＿＿＿＿＿＿＿＿＿＿.

(3) 二阶微分方程 $y''=f(y,y')$ 不显含＿＿＿＿＿＿，可令 $y'=p(y)$ 将方程化为一阶微分方程＿＿＿＿＿＿＿＿＿＿＿.

二、典型习题强化练习

1. 求下列微分方程的解：

(1) $y'''=e^{3x}-\cos x$；

(2) $y''=y'-2x$；

(3) $y''=1+y'^2$；

（4）$y''=\dfrac{2xy'}{1+x^2}$，$y\mid_{x=0}=1$，$y'\mid_{x=0}=3$；

（5）$yy''=2(y'^2-y')$，$y\mid_{x=0}=1$，$y'\mid_{x=0}=2$.

2. 试求 $y''=x^2$ 经过点 $(1,3)$，且在此点与直线 $y=\dfrac{x}{2}+\dfrac{5}{2}$ 相切的积分曲线.

习题 9.4

一、主要知识点回顾

1. 形如 _____ 的方程称为 n 阶线性微分方程.

2. 两个函数 $\varphi_1(x)$, $\varphi_2(x)$ 线性相关的充要条件是 _____, 线性无关的充要条件是 _____.

3. 如果 y^* 是二阶非齐次线性方程 $y'' + P(x)y' + Q(x)y = f(x)$ 的一个特解, $y_1(x)$, $y_2(x)$ 是对应齐次方程的两个线性无关的特解, 那么对应齐次方程的通解为 _____, 非齐次线性方程的通解为 _____.

二、典型习题强化练习

1. 判断下列函数组是线性相关还是线性无关:

(1) x, $x+1$;   答: _____

(2) $\sin 2x$, $\cos x \sin x$;   答: _____

(3) $\cos^2 x$, $1 + \cos 2x$;   答: _____

(4) $e^x \cos 2x$, $e^x \sin 2x$.   答: _____

2. 已知 $x_1 = \cos 2t$, $x_2 = \sin 2t$ 都是齐次线性方程 $\dfrac{d^2 x}{dt^2} + 4x = 0$ 的解, 则该方程的通解是 _____, 满足初始条件 $x(0) = 1$, $x'(0) = 1$ 的特解是 _____.

3. 下列函数可作为二阶微分方程通解的是( ).

A. $y = C_1 x^2 + C_2 x + C_3$ B. $x^2 + y^2 = C$

C. $y = \ln(C_1 \cos x) + \ln(C_2 \sin x)$ D. $y = C_1 \sin^2 x + C_2 \cos^2 x$

习题 9.5

一、主要知识点回顾

1. 二阶常系数齐次线性微分方程 $y''+py'+qy=0$ 的特征方程为＿＿＿＿＿＿＿．

2. 根据特征方程 $r^2+pr+q=0$ 的两个根的不同情形，写出微分方程的通解：

特征根	通解
两个不相等的实根 r_1,r_2	
两个相等的实根 $r_1=r_2$	
一对共轭复根 $r_{1,2}=\alpha\pm\mathrm{i}\beta$	

3. 在 $y''+py'+qy=f(x)$ 中，设 y^* 是一个特解．

(1) $f(x)=P_m(x)\mathrm{e}^{\alpha x}$ 型：

若 α 不是特征根，则可设 $y^*=$ ＿＿＿＿＿＿＿＿＿＿＿＿＿＿＿；

若 α 是单根，则可设 $y^*=$ ＿＿＿＿＿＿＿＿＿＿＿＿＿；

若 α 是重根，则可设 $y^*=$ ＿＿＿＿＿＿＿＿＿＿＿＿＿．

(2) $f(x)=\mathrm{e}^{\alpha x}[P_m(x)\cos\beta x+P_n(x)\sin\beta x]$：

若 $\alpha+\mathrm{i}\beta$ 不是特征根，则可设 $y^*=$ ＿＿＿＿＿＿＿＿＿＿＿＿＿＿＿＿＿；

若 $\alpha+\mathrm{i}\beta$ 是特征根，则可设 $y^*=$ ＿＿＿＿＿＿＿＿＿＿＿＿＿＿＿．

二、典型习题强化练习

1. 求下列微分方程满足初始条件的解：

(1) $y''-6y'+8y=0$，$y(0)=1$，$y'(0)=6$；

(2) $y'' + 6y' + 13y = 0, y(0) = 3, y'(0) = -1.$

2. 写出下列微分方程的特解 y^* 的函数形式：

(1) $y'' + 3y' + 2y = f(x)$：

若 $f(x) = 3x e^{-x}$，则 $y^* = $ _____ ；

若 $f(x) = 3x \sin x$，则 $y^* = $ _____ .

(2) $y'' - 2y' + 5y = f(x)$：

若 $f(x) = x^2 e^x$，则 $y^* = $ _____ ；

若 $f(x) = e^x \sin 2x$，则 $y^* = $ _____ .

(3) $y'' - 2y' + y = f(x)$：

若 $f(x) = 5$，则 $y^* = $ _____ ；

若 $f(x) = e^x \cos x$，则 $y^* = $ _____ .

3. 求下列微分方程的通解：

(1) $y'' - 2y' = x + 2$；

（2）$y'' - 2y' + y = x\mathrm{e}^{x}$；

（3）$y'' - 2y' + 5y = \cos 2x$.

4.求方程 $y''-5y'+6y=2e^{2x}+x+1$ 的通解.

5. 已知 $f(0)=0$，$f'(x)=1+\int_0^x [3e^t-f(t)]\mathrm{d}t$，求函数 $f(x)$.

单元测试 9

1. $(1+x^2)y'=xy$ 的通解为＿＿＿＿＿＿＿＿＿＿．

2. 设 $y(0)=1,y'(0)=\dfrac{1}{2}$，则 $yy''+(y')^2=0$ 的解为＿＿＿＿＿＿＿＿＿＿．

3. 通解 $y=\mathrm{e}^x(C_1\sin x+C_2\cos x)$ 对应的二阶常系数齐次线性微分方程为＿＿＿＿＿
＿＿＿＿＿＿．

4. 已知 $y''-2y'=\mathrm{e}^{2x}$，$y(0)=y'(0)=1$，则 $y=$＿＿＿＿＿＿＿＿．

5. $y''+3y'+2y=\mathrm{e}^{-x}$ 的特解形式可写成（　　）．

A. x 　　　　　　　　　　　B. e^x

C. $A\mathrm{e}^{-x}$ 　　　　　　　　　　D. $Ax\mathrm{e}^{-x}$

6. 微分方程 $y'=-y+x\mathrm{e}^{-x}$ 是（　　）方程．

A. 可分离 　　　　　　　　　B. 齐次

C. 一阶非齐次线性 　　　　　　D. 一阶齐次线性

7. 设 $y''+3y'+2y=\mathrm{e}^{2x}$，$y(0)=y'(0)=0$，则 $\lim\limits_{x\to 0}\dfrac{\ln(1+x^2)}{y(x)}=$（　　）．

A. 1 　　　　　　　　　　　B. 2

C. 3 　　　　　　　　　　　D. 4

8. 求下列方程的通解或满足初始条件的特解：

(1) $y'=(x+y+1)^2$；

(2) $y\mathrm{d}x+(x^2-4)\mathrm{d}y=0, y(1)=2$;

(3) $y^{(5)}+2y^{(3)}+y'=0$.

第 10 章　向量代数与空间解析几何

习题 10.1

一、主要知识点回顾

1. 空间直角坐标系的建立及相关概念:坐标原点,坐标轴,坐标平面,八个卦限.

2. 空间点的直角坐标:会求点关于坐标原点、坐标轴、坐标平面的对称点的坐标.

3. 设空间两点 $P_1(x_1,y_1,z_1)$ 与 $P_2(x_2,y_2,z_2)$,则它们之间的距离 $|P_1P_2| = $ ＿＿＿＿＿＿＿＿＿＿＿＿＿＿＿＿.

二、典型习题强化练习

1. 填空:

(1) 点 $(2,-9,1)$ 关于坐标原点的对称点为＿＿＿＿＿＿＿＿＿,关于坐标轴 x 轴的对称点为＿＿＿＿＿＿＿＿＿,关于坐标平面 xOy 的对称点为＿＿＿＿＿＿＿＿＿.

(2) 在空间直角坐标系中,点 $A(-1,2,3)$ 在＿＿＿＿＿＿＿＿＿卦限,点 $B(2,-3,4)$ 在＿＿＿＿＿＿＿＿＿卦限,点 $C(3,0,1)$ 在＿＿＿＿＿＿＿＿＿平面;点 $D(0,0,-2)$ 在＿＿＿＿＿＿＿＿＿轴.

(3) 以三点 $(4,1,9),(10,-1,6),(2,4,3)$ 为顶点的三角形的形状是＿＿＿＿＿＿＿＿＿＿＿.

(4) 在 x 轴上的点＿＿＿＿＿＿＿＿＿与点 $A(3,2,-1)$ 和点 $B(5,7,-5)$ 等距离.

(5) 点 $M(4,-4,7)$ 到 x,y,z 三个坐标轴的距离分别为＿＿＿＿＿＿＿＿＿＿＿＿.

2. 在 yOz 面上,求与三个已知点 $A(3,1,2),B(4,-2,-2),C(0,5,1)$ 等距离的点.

3. 建立以点$(1,-5,2)$为球心且通过坐标原点的球面方程.

习题 10.2(1)

一、主要知识点回顾

1. 向量;向量的模;单位向量;零向量;负向量.

2. 相等向量;共线向量;共面向量.

3. 向量的线性运算:$\vec{a}\pm\vec{b}$;$\lambda\vec{a}$.

4. 设 $\vec{a}\neq\vec{0}$,则 $\vec{b}/\!/\vec{a}$ 的充要条件是存在唯一实数 k,使得 $\vec{b}=$ ＿＿＿＿＿＿＿＿.

5. 向量 $\overrightarrow{AB}$ 在轴 l 上的投影等于向量的 ＿＿＿＿＿＿＿＿ 和向量 $\overrightarrow{AB}$ 与轴 l 正向夹角 θ 余弦的乘积,即 $\mathrm{Prj}_l\overrightarrow{AB}=$ ＿＿＿＿＿＿＿＿＿＿＿＿.

6. 向量在坐标轴上的分向量及向量的坐标.

7. 利用坐标作向量的线性运算:设 $\vec{a}=(x_1,y_1,z_1)$,$\vec{b}=(x_2,y_2,z_2)$,则 $\vec{a}+\vec{b}=$ ＿＿＿＿＿＿＿＿＿＿＿＿＿＿＿＿,$\lambda\vec{a}=$ ＿＿＿＿＿＿＿＿＿＿＿＿＿,$\vec{a}/\!/\vec{b}$ 的充要条件是 ＿＿＿＿＿＿＿＿＿＿＿＿＿＿＿.

8. 向量的方向角、方向余弦.

二、典型习题强化练习

1. 填空:

(1) 已知 $A(4,0,5)$,$B(7,1,3)$,则 $\overrightarrow{AB}^\circ=$ ＿＿＿＿＿＿＿＿＿＿＿.

(2) 要使 $|\vec{a}+\vec{b}|=|\vec{a}-\vec{b}|$ 成立,向量 $\vec{a}$,$\vec{b}$ 应满足 ＿＿＿＿＿＿＿＿＿＿.

(3) 要使 $|\vec{a}+\vec{b}|=|\vec{a}|+|\vec{b}|$ 成立,向量 $\vec{a}$,$\vec{b}$ 应满足 ＿＿＿＿＿＿＿＿＿.

(4) 已知 $|\vec{r}|=4$,$\vec{r}$ 与轴 u 的夹角是 $60°$,则 $\mathrm{Prj}_u\vec{r}=$ ＿＿＿＿＿＿＿＿＿.

(5) 一向量的终点在点 $B(2,-1,7)$,它在 x 轴、y 轴、z 轴上的投影依次为 $5,-4,9$,则向量的起点 A 的坐标为 ＿＿＿＿＿＿＿＿＿＿＿.

2. 已知平行四边形 $ABCD$ 的两个顶点 $A(2,-3,-5)$,$B(-1,3,2)$ 及它对角线的交点 $E(4,-1,7)$,求顶点 C,D 的坐标.

3. 设 M 为有向线段 AB 上任意一点,若 $\overrightarrow{AM}=\lambda\overrightarrow{MB}$,试证:对任一点 O,有 $\overrightarrow{OM}=\dfrac{\overrightarrow{OA}+\lambda\overrightarrow{OB}}{1+\lambda}$.

4. 已知两点 $M(0,1,2)$ 和 $N(1,-1,0)$,试用坐标表示式表示向量 $\overrightarrow{MN}$ 和 $-2\overrightarrow{MN}$;并计算向量 $\overrightarrow{MN}$ 的模、方向余弦和方向角;再求平行于向量 $\overrightarrow{MN}$ 的单位向量.

习题 10.2(2)

一、主要知识点回顾

1. 两向量的数量积定义:两个向量 $\vec{a}$ 与 $\vec{b}$ 的模与它们夹角余弦的乘积称为向量 $\vec{a}$ 与 $\vec{b}$ 的＿＿＿＿＿＿＿＿,即 $\vec{a} \cdot \vec{b} =$ ＿＿＿＿＿＿＿＿＿＿. 由向量的投影计算,$\vec{a} \cdot \vec{b} = |\vec{a}| \operatorname{Prj}_{\vec{a}} \vec{b} = |\vec{b}| \operatorname{Prj}_{\vec{b}} \vec{a}$.

2. 由数量积的定义得:$\vec{a} \cdot \vec{a} =$ ＿＿＿＿＿＿＿＿;$\vec{a} \perp \vec{b} \Leftrightarrow$ ＿＿＿＿＿＿＿＿.

3. 设 $\vec{a} = (a_x, a_y, a_z)$,$\vec{b} = (b_x, b_y, b_z)$,则 $\vec{a} \cdot \vec{b} =$ ＿＿＿＿＿＿＿＿＿＿＿＿;$\cos(\widehat{\vec{a}, \vec{b}}) =$ ＿＿＿＿＿＿＿＿＿＿＿.

4. 两向量的向量积定义:两向量 $\vec{a}$ 与 $\vec{b}$ 的向量积是一个向量,记作 $\vec{a} \times \vec{b}$,$|\vec{a} \times \vec{b}| =$ ＿＿＿＿＿＿＿＿＿,方向垂直于 $\vec{a}$ 和 $\vec{b}$ 所在平面,且按＿＿＿＿定则从 $\vec{a}$ 转向 $\vec{b}$ 所确定.

5. 由向量积的定义得:$\vec{a} \times \vec{a} =$ ＿＿＿＿＿＿＿＿;$\vec{a} /\!/ \vec{b} \Leftrightarrow$ ＿＿＿＿＿＿＿＿.

6. 设 $\vec{a} = (a_x, a_y, a_z)$,$\vec{b} = (b_x, b_y, b_z)$,则 $\vec{a} \times \vec{b}$ 的坐标表示式可利用三阶行列式写成容易记忆的形式,即 $\vec{a} \times \vec{b} =$ ＿＿＿＿＿＿＿＿＿＿＿＿＿＿＿.

二、典型习题强化练习

1. 填空:

(1) 已知 $\vec{a}, \vec{b}, \vec{c}$ 为单位向量,且满足 $\vec{a} + \vec{b} + \vec{c} = \vec{0}$,则 $\vec{a} \cdot \vec{b} + \vec{b} \cdot \vec{c} + \vec{c} \cdot \vec{a} =$ ＿＿＿＿.

(2) 若向量 $\vec{b}$ 与向量 $\vec{a} = (2, -1, 2)$ 共线,且 $\vec{a} \cdot \vec{b} = -18$,则 $\vec{b} =$ ＿＿＿＿＿.

(3) 已知 $|\vec{a}| = 2$,$|\vec{b}| = 3$,$|\vec{a} - \vec{b}| = \sqrt{7}$,则 $(\widehat{\vec{a}, \vec{b}}) =$ ＿＿＿＿＿.

(4) 已知 $|\vec{a}| = 3$,$|\vec{b}| = 26$,$|\vec{a} \times \vec{b}| = 72$,则 $\vec{a} \cdot \vec{b} =$ ＿＿＿＿＿.

(5) 设 $\vec{a} = 3\vec{i} - \vec{j} - 2\vec{k}$,$\vec{b} = \vec{i} + 2\vec{j} - \vec{k}$,则 $\vec{a} \cdot \vec{b} =$ ＿＿＿＿＿,$\vec{a} \times 2\vec{b} =$ ＿＿＿＿＿,$\cos(\widehat{\vec{a}, \vec{b}}) =$ ＿＿＿＿＿,$\operatorname{Prj}_{\vec{a}} \vec{b} =$ ＿＿＿＿＿.

2. 若 $\vec{a} = (1, -2, 1)$,$\vec{b} = (1, -1, 3)$,$\vec{c} = (2, 5, -3)$,求:(1) $\vec{a} \times \vec{b}$;(2) $(\vec{a} \times \vec{b}) \cdot \vec{c}$;(3) $(\vec{a} \times \vec{b}) \times \vec{c}$.

3. 设 $|\vec{a}|=4,|\vec{b}|=3,(\widehat{\vec{a},\vec{b}})=\dfrac{\pi}{6}$，求以 $\vec{a}+2\vec{b}$ 和 $\vec{a}-3\vec{b}$ 为边的平行四边形的面积.

4. 已知 $A(1,-1,2),B(5,-6,2),C(1,3,-1)$，求：(1) 同时与 $\overrightarrow{AB}$ 及 $\overrightarrow{AC}$ 垂直的单位向量；(2) $\triangle ABC$ 的面积；(3) BC 边上的高.

习题 10.3(1)

一、主要知识点回顾

1. 平面的点法式方程:过点 (x_0, y_0, z_0),法向量为 $\vec{n}=(A, B, C)$ 的平面方程为＿＿＿＿
＿＿＿＿＿＿＿＿＿＿＿＿＿＿＿＿.

2. 平面的一般式方程: $Ax+By+Cz+D=0$(其中 A, B, C 不全为 0).

3. 平面的截距式方程:在 x 轴、y 轴、z 轴上的截距分别为 $a, b, c(abc \neq 0)$ 的平面方程
为＿＿＿＿＿＿＿＿＿＿＿＿＿＿＿＿＿＿＿＿.

4. 设两平面 $\pi_1: A_1x+B_1y+C_1z+D_1=0$ 与 $\pi_2: A_2x+B_2y+C_2z+D_2=0$,则两平面
的夹角公式为 $\cos \theta=$ ＿＿＿＿＿＿＿＿＿＿＿＿＿＿＿＿＿＿＿＿＿, $\pi_1 \perp \pi_2 \Leftrightarrow$
＿＿＿＿＿＿＿＿＿＿＿, $\pi_1 /\!/ \pi_2 \Leftrightarrow$ ＿＿＿＿＿＿＿＿＿＿＿＿＿.

5. 点 (x_0, y_0, z_0) 到平面 $Ax+By+Cz+D=0$ 的距离 $d=$ ＿＿＿＿＿＿＿＿＿＿.

二、典型习题强化练习

1. 填空:

(1) 平面 $Ax+By+Cz=0$ 必通过＿＿＿＿＿＿(其中 A, B, C 不全为 0);平面 $By+Cz+D=0$ 平行于＿＿＿＿＿＿＿＿,或垂直于＿＿＿＿＿＿＿＿;$Cz+D=0$ 平行于＿＿＿＿＿＿＿＿,或垂直于＿＿＿＿＿＿＿＿＿;平面 $By+Cz=0$
＿＿＿＿＿＿＿＿ x 轴.

(2) 通过点 $(3, 0, -1)$ 且与平面 $3x-7y+5z-12=0$ 平行的平面方程为 ＿＿＿＿＿＿＿＿
＿＿＿＿＿＿＿＿＿＿＿＿＿.

(3) 点 $M(1, 2, 1)$ 到平面 $x+2y+2z-10=0$ 的距离为＿＿＿＿＿＿＿＿.

2. 求下面各平面的方程:

(1) 平行于 y 轴且通过点 $(1, -5, 1)$ 和 $(3, -2, 2)$;

(2) 平行于 zOx 平面且通过点 $(5, 2, -8)$;

(3) 垂直于平面 $x-4y+5z=1$ 且通过点 $(-2, 7, 3)$ 及 $(0, 0, 0)$;

(4) 通过点 $(5, -4, 3)$,$(-2, 1, 8)$ 及 $(2, 1, -4)$.

3. 已知平面 $\pi_1:x-2y+2z+21=0$ 与平面 $\pi_2:7x+24z-5=0$,求平分 π_1 和 π_2 夹角的平面方程.

习题 10.3(2)

一、主要知识点回顾

1. 直线 l 的一般式方程：$\begin{cases} A_1 x + B_1 y + C_1 z + D_1 = 0, \\ A_2 x + B_2 y + C_2 z + D_2 = 0. \end{cases}$

2. 设直线过点 (x_0, y_0, z_0)，方向向量为 $\vec{s} = (m, n, p)$，则直线的点向式方程为 _____，可转化为直线的参数式方程为 _____。

3. 空间两直线 $l_1: \dfrac{x - x_1}{m_1} = \dfrac{y - y_1}{n_1} = \dfrac{z - z_1}{p_1}$ 与 $l_2: \dfrac{x - x_2}{m_2} = \dfrac{y - y_2}{n_2} = \dfrac{z - z_2}{p_2}$ 的夹角公式为 $\cos\theta = $ _____，$l_1 \perp l_2 \Leftrightarrow$ _____，$l_1 /\!/ l_2 \Leftrightarrow$ _____。

4. 直线 $l: \dfrac{x - x_0}{m} = \dfrac{y - y_0}{n} = \dfrac{z - z_0}{p}$ 与平面 $\pi: Ax + By + Cz + D = 0$ 的夹角公式为 $\sin\varphi = $ _____，$l \perp \pi \Leftrightarrow$ _____，$l /\!/ \pi \Leftrightarrow$ _____。

二、典型习题强化练习

1. 填空：

(1) 过点 $(4, -1, 3)$ 且平行于直线 $\dfrac{x - 3}{2} = y = \dfrac{z - 1}{5}$ 的直线方程为 _____。

(2) 过两点 $(3, -2, 1)$ 和 $(-1, 0, 2)$ 的直线方程为 _____。

(3) 过点 $(2, 0, -3)$ 且与直线 $\begin{cases} x - 2y + 4z = 7, \\ 3x + 5y - 2z = -1 \end{cases}$ 垂直的平面方程为 _____。

(4) 过点 $(2, 3, -1)$ 且垂直于平面 $2x + 3y + z + 1 = 0$ 的直线方程为 _____。

(5) 直线 $l: \dfrac{x + 2}{3} = \dfrac{y - 2}{1} = \dfrac{z + 1}{2}$ 和平面 $\pi: 2x + 3y + 3z - 8 = 0$ 的交点是 _____。

(6) 直线 $\begin{cases} x + 3y + 3z = 0, \\ x - y - z = 0 \end{cases}$ 与平面 $x - y - z + 1 = 0$ 的夹角为 _____。

2. 用点向式方程及参数式方程表示直线 l : $\begin{cases} x-y+z=1, \\ 2x+y+z=4. \end{cases}$

3. 求过点 $(0,2,4)$ 且同时平行于平面 $x+2z=1$ 和 $y-3z=2$ 的直线方程.

4. 求直线 $\begin{cases} 4x - y + 3z = 1, \\ x + 5y - z + 2 = 0 \end{cases}$ 在平面 $2x - y + 5z - 3 = 0$ 上的投影方程.

5. 求过点 $(1, 0, -2)$ 且与两直线 $\dfrac{x-1}{1} = \dfrac{y}{1} = \dfrac{z+1}{-1}$ 和 $\dfrac{x}{1} = \dfrac{y-1}{-1} = \dfrac{z+1}{0}$ 垂直的直线方程.

习题 10.4

一、主要知识点回顾

1. 柱面的定义;熟悉准线在坐标平面内,母线平行于坐标轴的柱面方程.

2. 旋转曲面的定义;会求以坐标平面上的曲线为母线,以坐标轴为旋转轴的旋转曲面方程.

3. 空间曲线:一般式方程 $\begin{cases} F_1(x,y,z)=0, \\ F_2(x,y,z)=0; \end{cases}$ 参数式方程 $\begin{cases} x=x(t), \\ y=y(t), (t \text{ 为参数}). \\ z=z(t) \end{cases}$

4. 空间曲线关于坐标面的投影柱面;空间曲线在坐标面上的投影.

5. 熟悉常见的二次曲面的标准方程.

二、典型习题强化练习

1. 填空:

(1) 曲面 $x^2+9y^2=10z$ 与 yOz 平面的交线是 _____.

(2) 通过曲线 $\begin{cases} 2x^2+y^2+z^2=16, \\ x^2+z^2-y^2=0, \end{cases}$ 且母线平行于 y 轴的柱面方程是 _____

_____.

(3) 曲线 $\begin{cases} x^2+z^2+3yz-2x+3z-3=0, \\ y-z+1=0 \end{cases}$ 在 xOz 平面上的投影方程是 _____

_____.

(4) 方程组 $\begin{cases} \dfrac{x^2}{4}+\dfrac{y^2}{9}=1, \\ y=3 \end{cases}$ 在平面解析几何中表示 _____;

在空间解析几何中表示 _____.

(5) 方程 $(y+1)^2+z^2=2$ 表示母线平行于 _____ 轴的 _____;

方程 $\dfrac{x^2}{3}-\dfrac{z^2}{2}=1$ 表示母线平行于 _____ 轴的 _____;方程 $x^2=2y$

表示母线平行于 _____ 轴的 _____.

(6) 曲线 $\begin{cases} \dfrac{x^2}{4}+\dfrac{z^2}{3}=1, \\ y=0 \end{cases}$ 绕 z 轴旋转一周得到的旋转曲面方程为 _____,

该旋转曲面也可以看成是曲线 _____ 绕 z 轴旋转一周得到的.

— 138 —

2. 说出下列方程所表示的曲面名称：

(1) $\dfrac{x^2}{9}+\dfrac{y^2}{25}+z^2=1$ 表示＿＿＿＿＿＿＿＿＿＿＿＿＿＿＿＿＿＿＿＿＿＿＿；

(2) $\dfrac{x^2}{4}+\dfrac{y^2}{9}=-3z$ 表示＿＿＿＿＿＿＿＿＿＿＿＿＿＿＿＿＿＿＿＿＿；

(3) $\dfrac{y^2}{2}-\dfrac{z^2}{6}=2x$ 表示＿＿＿＿＿＿＿＿＿＿＿＿＿＿＿＿＿＿＿＿＿；

(4) $\dfrac{x^2}{25}+\dfrac{y^2}{9}-\dfrac{z^2}{16}=-1$ 表示＿＿＿＿＿＿＿＿＿＿＿＿＿＿＿＿＿；

(5) $x^2-y^2-z^2=0$ 表示＿＿＿＿＿＿＿＿＿＿＿＿＿＿＿＿＿＿＿＿＿＿＿；

(6) $\dfrac{x^2}{4}-y^2+\dfrac{z^2}{9}=1$ 表示＿＿＿＿＿＿＿＿＿＿＿＿＿＿＿＿＿＿＿＿＿．

3. 将 xOy 坐标面上的双曲线 $4x^2-9y^2=36$ 分别绕 x 轴及 y 轴旋转一周，求所生成的旋转曲面的方程．

4. 求曲线 $\begin{cases} y^2+z^2-2x=0, \\ z=3 \end{cases}$ 在 xOy 面上的投影曲线的方程，并指出原曲线是什么曲线．

单元测试 10

1. 设向量 $\vec{a}$ 与 $\vec{b}$ 满足 $|\vec{a}-\vec{b}|=|\vec{a}+\vec{b}|$，则必有（　　）.

   A. $\vec{a}-\vec{b}=\vec{0}$ B. $\vec{a}+\vec{b}=\vec{0}$ C. $\vec{a}\cdot\vec{b}=0$ D. $\vec{a}\times\vec{b}=\vec{0}$

2. 对任何向量 $\vec{a},\vec{b},\vec{c}$，总有（　　）.

   A. $(\vec{a}\cdot\vec{b})\cdot\vec{c}=\vec{a}\cdot(\vec{b}\cdot\vec{c})$ B. $(\vec{a}\times\vec{b})\cdot\vec{c}=\vec{a}\cdot(\vec{b}\times\vec{c})$

   C. $\vec{a}\cdot(\vec{b}\times\vec{c})=\vec{b}\cdot(\vec{a}\times\vec{c})$ D. $(\vec{a}\times\vec{b})\times\vec{c}=\vec{a}\times(\vec{b}\times\vec{c})$

3. 平面 $Ax+By+Cz+D=0$ 过 x 轴，则（　　）.

   A. $A=D=0$ B. $B=0,C\neq0$ C. $B\neq0,C=0$ D. $B=C=0$

4. 点 $M(1,2,1)$ 到平面 $x+2y+2z-10=0$ 的距离为（　　）.

   A. 1   B. 2   C. $\dfrac{1}{2}$ D. $\dfrac{1}{3}$

5. 直线 $\begin{cases} 5x+y-3z-7=0, \\ 2x+y-3z-7=0 \end{cases}$（　　）.

   A. 垂直于 yOz 平面   B. 在 yOz 平面内

   C. 平行于 x 轴   D. 在 xOy 平面内

6. 求过点 $(4,0,-1)$ 且通过直线 $\dfrac{x-4}{5}=\dfrac{y+3}{2}=\dfrac{z}{1}$ 的平面方程.

7. 求过点 $(3,-3,2)$ 且平行于平面 $x-4y+10=0$ 及 $3x+5y-z-4=0$ 的直线方程.

*8. 求点 $(3,-1,2)$ 到直线 $\begin{cases} 2x-y+z-4=0, \\ x+y-z+1=0 \end{cases}$ 的距离.

9. 求曲线 $\begin{cases} z^2 = x^2 + y^2, \\ z^2 = 2y \end{cases}$ 在 xOy 面上的投影柱面和投影曲线.

10. 求过点 $M(2,1,3)$ 且与直线 $\dfrac{x+1}{3} = \dfrac{y-1}{2} = \dfrac{z}{-1}$ 垂直相交的直线方程.

第 11 章　多元函数微分法及其应用

习题 11.1

一、主要知识点回顾

1. 平面点集;邻域;去心邻域.

2. 内点;外点;边界点;聚点.

3. 常见的平面点集:开集,闭集,连通集,区域,闭区域,有界集,无界集及有界区域.

4. 二元函数的定义及几何解释.

5. 二元函数极限的定义:设二元函数 $z = f(x, y)$ 在平面点集 D 上有定义,点 $P_0(x_0, y_0)$ 为 D 的聚点,A 为一常数,$\forall \varepsilon > 0, \exists \delta > 0$,当满足不等式＿＿＿＿＿＿＿＿＿＿＿＿ 的一切点 $P(x, y)$,都有＿＿＿＿＿＿＿＿＿＿ 成立,则称常数 A 为函数 $z = f(x, y)$ 当 $P(x, y) \to P_0(x_0, y_0)$ 时的二重极限,记作＿＿＿＿＿＿＿＿＿＿＿＿＿＿＿＿＿.

6. 二元函数的连续性:设二元函数 $z = f(x, y)$ 定义在平面点集 D 上,点 P_0 为 D 的聚点(内点或边界点)且 $P_0 \in D$,若有＿＿＿＿＿＿＿＿＿＿＿＿＿＿＿＿,则称二元函数 $f(x, y)$ 在点 $P_0(x_0, y_0)$ 处连续.

7. 有界闭区域上多元连续函数的性质;一切多元初等函数在其定义区域内都是连续的.

二、典型习题强化练习

1. 求下列函数的定义域:

(1) $z = \sqrt{\ln \dfrac{4}{x^2 + y^2}} + \arcsin \dfrac{1}{x^2 + y^2}$;　　　　(2) $z = \sqrt{x - \sqrt{y}}$.

2. 求下列函数的极限：

(1) $\lim\limits_{(x,y)\to(1,0)} \dfrac{\ln(x+e^y)}{\sqrt{x^2+y^2}}$;

(2) $\lim\limits_{(x,y)\to(2,0)} \dfrac{\ln(1+xy)}{y}$;

(3) $\lim\limits_{(x,y)\to(0,0)} \dfrac{\sqrt{xy+1}-1}{xy}$;

(4) $\lim\limits_{(x,y)\to(0,0)} \dfrac{1-\cos(x^2+y^2)}{x^2y^2(x^2+y^2)}$;

(5) $\lim\limits_{(x,y)\to(0,0)}\left(x\sin\dfrac{1}{y}+y\sin\dfrac{1}{x}\right)$; *(6) $\lim\limits_{(x,y)\to(\infty,\infty)}\dfrac{x^2+y^2}{x^4+y^4}$.

3. 证明极限 $\lim\limits_{(x,y)\to(0,0)}\dfrac{x+y}{x-y}$不存在.

4. 讨论函数 $f(x,y)=\begin{cases}\dfrac{x^2y}{x^4+y^2}, & x^2+y^2\neq 0,\\ 0, & x^2+y^2=0\end{cases}$ 在点 $O(0,0)$处是否连续.

习题 11.2(1)

一、主要知识点回顾

1. 偏导数的定义及其计算方法.

2. 高阶偏导数.

3. 二元函数全微分的定义:若函数 $z = f(x, y)$ 在点 $P(x, y)$ 处的全增量 $\Delta z = f(x + \Delta x, y + \Delta y) - f(x, y)$ 可以表示为 _____ ,其中 A, B 不依赖于 $\Delta x, \Delta y$,而仅与 x, y 有关, $\rho = \sqrt{(\Delta x)^2 + (\Delta y)^2}$,则称函数 $z = f(x, y)$ 在点 $P(x, y)$ 处 _____ ,而 $A\Delta x + B\Delta y$ 称为函数 $z = f(x, y)$ 在点 (x_0, y_0) 处的全微分,记为 $\mathrm{d}z$ 或 $\mathrm{d}f(x, y)$,即 $\mathrm{d}z =$ _____ .

4. 二元函数连续、偏导数存在、可微之间的关系:

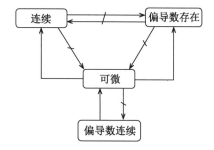

二、典型习题强化练习

1. 设 $z = x^2 y^3 + \mathrm{e}^{5xy} - \cos(x^2 - y^2)$,求 $\dfrac{\partial z}{\partial x}$ 及 $\dfrac{\partial z}{\partial y}$.

2. 设 $z = \ln\left(x + \dfrac{y}{9x}\right)$，求 $\dfrac{\partial z}{\partial x}\bigg|_{(1,0)}$ 及 $\dfrac{\partial z}{\partial y}\bigg|_{(1,0)}$.

3. 设 $u = \arcsin(x-y)^z$，求 $\dfrac{\partial u}{\partial x}$，$\dfrac{\partial u}{\partial y}$ 及 $\dfrac{\partial u}{\partial z}$.

4. 设函数 $f(x,y) = \begin{cases} x + \dfrac{xy}{x^2+y^2}, & (x,y) \neq (0,0), \\ 0, & (x,y) = (0,0), \end{cases}$ 试求 $f_x(0,0)$, $f_y(0,0)$, 并判断

函数 $f(x,y)$ 在点 $O(0,0)$ 处是否连续.

5. 求下列函数的二阶偏导数 $\dfrac{\partial^2 z}{\partial x^2}$, $\dfrac{\partial^2 z}{\partial y^2}$ 及 $\dfrac{\partial^2 z}{\partial x \partial y}$:

(1) $z = x^y$;   (2) $z = \arctan \dfrac{x}{y}$.

6. 设 $f(x,y,z)=\dfrac{z}{\sqrt{x^2+y^2}}$，求 $\mathrm{d}f(3,4,5)$．

7. 设 $z=\mathrm{e}^{xy}\sin(x+y)$，求 $\mathrm{d}z$．

习题 11.2(2)

一、主要知识点回顾

1. 多元复合函数微分法：

(1) 设函数 $u=\varphi(t),v=\psi(t)$ 都在点 t 可导，函数 $z=f(u,v)$ 在对应点 (u,v) 处具有连续偏导数，则复合函数 $z=f[\varphi(t),\psi(t)]$ 在点 t 处可导，且其导数称为全导数 $\dfrac{\mathrm{d}z}{\mathrm{d}t}=$ _____；

(2) 设函数 $u=\varphi(x,y),v=\psi(x,y)$ 在点 (x,y) 处存在偏导数，而函数 $z=f(u,v)$ 在对应点 (u,v) 处可微，则复合函数 $z=f[\varphi(x,y),\psi(x,y)]$ 在点 (x,y) 处的两个偏导数存在，并有公式 $\dfrac{\partial z}{\partial x}=$ _____，$\dfrac{\partial z}{\partial y}=$ _____；

(3) 设 $z=f(u,x,y)$ 具有连续偏导数，而 $u=\varphi(x,y)$ 具有偏导数，则复合函数 $z=f[\varphi(x,y),x,y]$ 具有对自变量 x 及 y 的偏导数，且 $\dfrac{\partial z}{\partial x}=$ _____，

$\dfrac{\partial z}{\partial y}=$ _____.

2. 多元复合函数的高阶偏导数.

3. 全微分形式不变性.

4. 隐函数的求导公式.

二、典型习题强化练习

1. 设 $z=\dfrac{y}{x},x=\mathrm{e}^t,y=1-\mathrm{e}^{2t}$，求 $\dfrac{\mathrm{d}z}{\mathrm{d}t}$.

2. 设 $z=u^2v-uv^2$，$u=x\cos y$，$v=x\sin y$，求 $\dfrac{\partial z}{\partial x}$ 及 $\dfrac{\partial z}{\partial y}$.

3. 设 $u=f(x,y,z)=e^{x^2+y^2+z^2}$，$z=x^2\sin y$，求 $\dfrac{\partial u}{\partial x}$ 及 $\dfrac{\partial u}{\partial y}$.

4. 设函数 $z=f(x^2+y^2,e^{xy})$，其中 f 具有一阶连续偏导数，求 $\dfrac{\partial z}{\partial x}$ 及 $\dfrac{\partial z}{\partial y}$.

5. 设 $z = xf(x+y, x^2+y^2)$，其中 f 具有二阶连续偏导数，求 $\dfrac{\partial^2 z}{\partial x \partial y}$.

6. 设 $e^{xy} + \tan(xy) = y$，求 $y'|_{x=0}$.

7. 求由方程 $x^2 + 2y^2 + 3z^2 + xy - z - 9 = 0$ 所确定的函数 $z = z(x, y)$ $(z > 0)$ 在点 $(1, -2)$ 处的全微分.

8. 设 $u=f(x,y,z)=xyz$，z 是由方程 $x^3+y^3+z^3-3xyz=0$ 所确定的 x,y 的函数，求 $\dfrac{\partial u}{\partial x}$ 及 $\dfrac{\partial u}{\partial y}$.

9. 设 u,v 为 x,y 的函数，它们由方程组 $\begin{cases} u^2-v+x=0,\\ u+v^2-y=0 \end{cases}$ 所确定，求 $\dfrac{\partial u}{\partial x},\dfrac{\partial u}{\partial y},\dfrac{\partial v}{\partial x},\dfrac{\partial v}{\partial y}$.

习题 11.4

一、主要知识点回顾

1. 空间曲线的切线与法平面：

(1) 设空间曲线 Γ 的参数方程为 $\begin{cases} x = x(t), \\ y = y(t), \\ z = z(t), \end{cases}$ 其中 $x(t)$，$y(t)$，$z(t)$ 都可导，且导数 $x'(t)$，$y'(t)$，$z'(t)$ 不同时为零，则当 $t = t_0$ 时，曲线 Γ 在对应点 $M_0(x_0, y_0, z_0)$ 处的切线方程为 _____，法平面方程为 _____.

(2) 空间曲线 $\Gamma : \begin{cases} F(x, y, z) = 0, \\ G(x, y, z) = 0 \end{cases}$ 在点 $M_0(x_0, y_0, z_0)$ 处的切线和法平面方程.

2. 曲面的切平面与法线：

设有光滑曲面 $\Sigma : F(x, y, z) = 0$，点 $M_0(x_0, y_0, z_0) \in \Sigma$，函数 $F(x, y, z)$ 的偏导数在点 M_0 处连续且不同时为零，则曲面 Σ 在对应点 $M_0(x_0, y_0, z_0)$ 处的切平面方程为 _____，法线方程为 _____. 特别地，当曲面 Σ 的方程为 $z = f(x, y)$ 时，也易求出 Σ 上任意一点处的切平面和法线方程.

二、典型习题强化练习

1. 求曲线 $\begin{cases} x = t - \cos t, \\ y = 3 + \sin 2t, \\ z = 1 + \cos 3t \end{cases}$ 在 $t = \dfrac{\pi}{2}$ 对应点处的切线及法平面方程.

2. 求曲线 $\begin{cases} x^2+z^2=10, \\ y^2+z^2=10 \end{cases}$ 在点$(1,1,3)$处的切线及法平面方程.

3. 求曲面 $3x^2+y^2-z^2=27$ 在点$(3,1,1)$处的切平面及法线方程.

4. 求曲线 $\begin{cases} y=-x^2, \\ z=x^3 \end{cases}$ 上的一点,使该点的切线平行于已知平面 $x+2y+z=4$.

习题 11.5

一、主要知识点回顾

1. 二元函数的极值.

2. 必要条件:设函数 $z=f(x,y)$ 在点 $P_0(x_0,y_0)$ 具有偏导数,且在该点处取得极值,则必有_____.

3. 充分条件:设函数 $z=f(x,y)$ 在点 (x_0,y_0) 的某邻域内连续,且具有一阶及二阶连续偏导数,又 $f_x(x_0,y_0)=0$,$f_y(x_0,y_0)=0$,令 $A=f_{xx}(x_0,y_0)$,$B=f_{xy}(x_0,y_0)$,$C=f_{yy}(x_0,y_0)$,则

　　(1) 当 $AC-B^2>0$ 时,若_____,则 $f(x_0,y_0)$ 为函数 $z=f(x,y)$ 的极大值;若_____,则 $f(x_0,y_0)$ 为函数 $z=f(x,y)$ 的极小值.

　　(2) 当 $AC-B^2<0$ 时,$f(x_0,y_0)$_____(填"有"或"无")极值.

　　(3) 当 $AC-B^2=0$ 时,不能判定,需另作讨论.

4. 有界闭区域上多元函数最值及实际问题最值的计算方法.

5. 会用拉格朗日乘数法求条件极值.

二、典型习题强化练习

1. 求函数 $f(x,y)=xy(1-x-y)$ 的极值.

2. 求函数 $z=3x^2+3y^2-2x-2y+2$ 在有界闭区域 $D=\{(x,y)\mid x\geqslant0,y\geqslant0,x+y\leqslant1\}$ 上的最大值和最小值.

3. 从斜边之长为 l 的一切直角三角形中求最大周长的直角三角形.

4. 欲造一个无盖长方体容器,已知底部造价为每平方米 3 元,侧面造价为每平方米 1.5 元,现想用 36 元造一个容积最大的容器,求它的尺寸.

单元测试 11

1. 函数 $f(x,y)$ 在点 (x_0,y_0) 处可微，则 $\lim\limits_{(x,y)\to(x_0,y_0)} f(x,y) =$ _____.

2. 已知 $\mathrm{d}f(x,y)=2xy^2\mathrm{d}x+2x^2y\mathrm{d}y$，则 $\dfrac{\partial f}{\partial x}=$ _____，$\dfrac{\partial f}{\partial y}=$ _____.

3. 函数 $f(x,y)$ 具有一阶连续偏导数，$u=f(xy,x+y)$，则 $\dfrac{\partial u}{\partial x}=$ _____

_____.

4. 二元函数 $z=3(x+y)-x^3-y^3$ 的极值点是 _____.

5. 下列极限存在的是（　　）.

A. $\lim\limits_{(x,y)\to(0,0)} \dfrac{x}{x+y}$ 　　　　　　 B. $\lim\limits_{(x,y)\to(0,0)} \dfrac{1}{x+y}$

C. $\lim\limits_{(x,y)\to(0,0)} \dfrac{x^2}{x+y}$ 　　　　　　 D. $\lim\limits_{(x,y)\to(0,0)} x\sin\dfrac{1}{x+y}$

6. 二元函数 $f(x,y)$ 在点 $P(x,y)$ 处全微分存在的充分条件是（　　）.

A. f 的全部一阶偏导数均连续 　　　 B. f 连续

C. f 的全部一阶偏导数均存在 　　　 D. f 连续且 $\dfrac{\partial f}{\partial x}$，$\dfrac{\partial f}{\partial y}$ 都存在

7. 函数 $z=f(x,y)$ 在点 (x_0,y_0) 具有偏导数，且在点 (x_0,y_0) 处有极值是 $f_x(x_0,y_0)=0$，$f_y(x_0,y_0)=0$ 的（　　）.

A. 充要条件 　　　　　　　　 B. 必要条件

C. 充分条件 　　　　　　　　 D. 既不充分又不必要条件

8. 设函数 $z=(x+y)^{x+y}$，求 $\dfrac{\partial z}{\partial x}$ 及 $\dfrac{\partial z}{\partial y}$.

9. 设 $u = \ln(x^y y^z z^x)$, 求 $\mathrm{d}u$.

10. 设 $z = f(u, x, y)$, $u = x \mathrm{e}^y$, 其中 f 具有连续的二阶偏导数, 求 $\dfrac{\partial^2 z}{\partial x \partial y}$.

11. 求曲线 $\begin{cases} x^2+y^2+z^2-3x=0, \\ 2x-3y+z-4=0 \end{cases}$ 在点 $P(1,1,1)$ 处的切线与法平面方程.

12. 求函数 $f(x,y)=(x+y^2+2y)e^{2x}$ 的极值点和极值.

13. 用拉格朗日乘数法求函数 $z=x^2+y^2$ 在 $\dfrac{x}{a}+\dfrac{y}{b}=1$ 下的条件极值.

14. 做一个容积为 $1\ m^3$ 的有盖圆柱形铅桶,问什么样的尺寸才能使所用材料最省?

15. 讨论函数 $f(x,y) = \begin{cases} (x^2+y^2)\sin\dfrac{1}{\sqrt{x^2+y^2}}, & x^2+y^2 \neq 0, \\ 0, & x^2+y^2 = 0 \end{cases}$ 在点 $O(0,0)$ 处是否可微.

第 12 章　重积分

习题 12.1

一、主要知识点回顾

1. 二重积分的定义.

2. 二重积分 $\iint\limits_{D} f(x,y)\,\mathrm{d}\sigma$ 的几何意义是＿＿＿＿＿＿＿＿＿＿＿＿＿＿＿.

3. 设 σ 是区域 D 的面积,则 $\iint\limits_{D} \mathrm{d}\sigma =$ ＿＿＿＿＿＿.

4. 函数 $f(x,y),g(x,y)$ 在 D 上都可积,若 k,l 为任意常数,则 $\iint\limits_{D} [kf(x,y)\pm lg(x,y)]\,\mathrm{d}\sigma =$ ＿＿＿＿＿＿＿＿＿＿＿＿＿＿＿＿＿.

5. 积分区域的可加性:若 $f(x,y)$ 在 D 上可积,区域 $D = D_1 \bigcup D_2$,且 D_1,D_2 无公共内点,则 $\iint\limits_{D} f(x,y)\,\mathrm{d}\sigma =$ ＿＿＿＿＿＿＿＿＿＿＿＿.

6. 在闭区域 D 上,函数 $f(x,y),g(x,y)$ 都可积,且有 $f(x,y) \leqslant g(x,y)$,则 $\iint\limits_{D} f(x,y)\,\mathrm{d}\sigma$ ＿＿＿＿＿ $\iint\limits_{D} g(x,y)\,\mathrm{d}\sigma$.

7. 估值不等式:M,m 分别是 $f(x,y)$ 在闭区域 D 上的最大值和最小值,σ 为 D 的面积,则 ＿＿＿＿＿ $\leqslant \iint\limits_{D} f(x,y)\,\mathrm{d}\sigma \leqslant$ ＿＿＿＿＿.

8. 二重积分中值定理:$f(x,y)$ 在闭区域 D 上连续,σ 为 D 的面积,则至少存在一点 $(\xi,\eta)\in D$,使得 $\iint\limits_{D} f(x,y)\,\mathrm{d}\sigma =$ ＿＿＿＿＿＿＿＿.

二、典型习题强化练习

1. 根据二重积分的几何意义,确定下列积分的值:

(1) $\iint\limits_{D} \sqrt{a^2 - x^2 - y^2}\,\mathrm{d}\sigma =$ ＿＿＿＿＿＿＿＿＿,其中 $D:x^2 + y^2 \leqslant a^2$;

(2) $\iint\limits_{D} (a - \sqrt{x^2 + y^2})\,\mathrm{d}\sigma =$ ＿＿＿＿＿＿＿＿＿,其中 $D:x^2 + y^2 \leqslant a^2$.

2. 设 D 是由直线 $y = x$, $y = \dfrac{1}{2}x$, $y = 2$ 所围成的区域,则 $\iint\limits_{D} \mathrm{d}\sigma =$ ＿＿＿＿＿.

3. 利用二重积分的性质估计下列积分的范围：

（1） $\iint\limits_{\substack{0 \leqslant x \leqslant \pi \\ 0 \leqslant y \leqslant \pi}} \sin x \sin y \, \mathrm{d}x \, \mathrm{d}y$；

（2）$\iint\limits_{D} (x + y) \, \mathrm{d}x \, \mathrm{d}y$，其中 $D = \{(x, y) \mid 0 \leqslant x \leqslant 1, 1 \leqslant y \leqslant 2\}$.

4. 比较下列积分的大小：$I_1 = \iint\limits_{D} (x^2 + y^2) \, \mathrm{d}x \, \mathrm{d}y$ 与 $I_2 = \iint\limits_{D} 2xy \, \mathrm{d}x \, \mathrm{d}y$，其中 D 为任意积分区域.

习题 12. 2

一、主要知识点回顾

1. 设积分区域 D 的边界曲线被 $x=a$，$x=b(a<b)$ 两直线分割成两条曲线 $y=\psi_1(x)$，$y=\psi_2(x)$，$\psi_1(x)\leqslant\psi_2(x)$，且在 xOy 平面用平行于 y 轴的直线去穿区域 D 时，它与区域 D 的边界交点不多于＿＿＿＿＿，此时称区域 D 为＿＿＿＿型区域，可表示为＿＿＿＿＿＿＿＿＿

＿＿＿＿＿＿＿＿＿＿，将 $\iint\limits_{D} f(x,y)\,\mathrm{d}\sigma$ 化为累次积分为＿＿＿＿＿＿＿＿＿＿

＿＿＿＿＿＿＿＿＿．

2. 设积分区域 D 的边界曲线被 $y=c$，$y=d(c<d)$ 两直线分割成两条曲线 $x=\varphi_1(y)$，$x=\varphi_2(y)$，$\varphi_1(y)\leqslant\varphi_2(y)$，且在 xOy 平面用平行于 x 轴的直线去穿区域 D 时，它与区域 D 的边界交点不多于＿＿＿＿＿，此时称区域 D 为＿＿＿＿型区域，可表示为＿＿＿＿＿＿＿＿＿

＿＿＿＿＿＿＿＿＿＿，将 $\iint\limits_{D} f(x,y)\,\mathrm{d}\sigma$ 化为累次积分为＿＿＿＿＿＿＿＿＿＿

＿＿＿＿＿＿＿＿＿．

3. 极坐标系下，区域 $D=\{(r,\theta)\,|\,\alpha\leqslant\theta\leqslant\beta,\varphi_1(\theta)\leqslant r\leqslant\varphi_2(\theta)\}$，将 $\iint\limits_{D} f(x,y)\,\mathrm{d}\sigma$ 化为累

次积分为＿＿＿＿＿＿＿＿＿＿＿＿＿＿＿＿＿＿＿＿；区域 $D=\{(r,\theta)\,|\,0\leqslant\theta\leqslant2\pi$，

$0\leqslant r\leqslant\varphi(\theta)\}$，将 $\iint\limits_{D} f(x,y)\,\mathrm{d}\sigma$ 化为累次积分为＿＿＿＿＿＿＿＿＿＿＿＿．

二、典型习题强化练习

1. 化二重积分 $I=\iint\limits_{D} f(x,y)\,\mathrm{d}\sigma$ 为二次积分（分别列出对两个变量先后次序不同的二次积分）：

(1) 已知 D 是由直线 $y=x$ 及抛物线 $y^2=4x$ 所围成的闭区域，则

$I=$ ＿＿＿＿＿＿＿＿＿＿，＿＿＿＿＿＿＿＿＿＿．

(2) 已知 D 是由直线 $y=x$，$x=2$ 及双曲线 $y=\dfrac{1}{x}(x>0)$ 所围成的闭区域，则

$I=$ ＿＿＿＿＿＿＿＿＿＿，＿＿＿＿＿＿＿＿＿＿．

2. 化二重积分 $I=\iint\limits_{D} f(x,y)\,\mathrm{d}\sigma$ 为极坐标形式下的二次积分：

(1) 当 $D=\{(x,y)\,|\,x^2+y^2\leqslant2x\}$，则 $I=$ ＿＿＿＿＿＿＿＿＿＿．

(2) 当 $D=\{(x,y)\,|\,a^2\leqslant x^2+y^2\leqslant b^2\}$，其中 $0<a<b$，则 $I=$ ＿＿＿＿＿＿．

3. 交换积分次序：

$\displaystyle\int_0^1\mathrm{d}y\int_0^y f(x,y)\,\mathrm{d}x=$ ＿＿＿＿＿＿＿＿＿＿＿；

$\displaystyle\int_0^1\mathrm{d}x\int_0^{x^2} f(x,y)\,\mathrm{d}y+\int_1^3\mathrm{d}x\int_0^{\frac{1}{2}(3-x)} f(x,y)\,\mathrm{d}y=$ ＿＿＿＿＿＿＿＿＿＿．

4. 累次积分 $\int_0^2 \mathrm{d}x \int_x^2 \mathrm{e}^{-y^2} \mathrm{d}y =($ $).$

A. $\dfrac{1}{2}(1-\mathrm{e}^{-2})$ B. $\dfrac{1}{3}(1-\mathrm{e}^{-4})$ C. $\dfrac{1}{2}(1-\mathrm{e}^{-4})$ D. $\dfrac{1}{3}(1-\mathrm{e}^{-2})$

5. 画出积分区域,并计算下列二重积分:

(1) $\iint\limits_D x\sqrt{y}\,\mathrm{d}\sigma$,其中 D 是由两条抛物线 $y=\sqrt{x}$, $y=x^2$ 所围成的闭区域;

(2) $\iint\limits_D xy\,\mathrm{d}x\,\mathrm{d}y$,$D$ 是由 $x^2-y^2=1$ 及 $y=0$,$y=1$ 所围区域;

(3) $\iint\limits_{D} x^2\cos y\,\mathrm{d}x\,\mathrm{d}y$，其中 D 由 $1\leqslant x\leqslant 2, 0\leqslant y\leqslant\dfrac{\pi}{2}$ 确定.

6. 计算 $\iint\limits_{D} y\,\mathrm{d}x\,\mathrm{d}y$，$D$ 是由 $x=\dfrac{\pi}{4}, x=\pi, y=0, y=\cos x$ 所围成的区域.

7. 计算 $\iint\limits_{D} |y - x^2| \, dx \, dy$，其中 D 由 $-1 \leqslant x \leqslant 1, 0 \leqslant y \leqslant 1$ 确定.

8. 把积分 $\int_0^{2a} dx \int_0^{\sqrt{2ax-x^2}} (x^2 + y^2) \, dy$ 化为极坐标形式，并计算积分值.

9. 计算 $\iint\limits_{D} \ln(x^2 + y^2 + 1) \, dx \, dy$，$D$ 是由 $x^2 + y^2 \leqslant a^2, x \geqslant 0, y \geqslant 0$ 所围成的区域.

习题 12.4

一、主要知识点回顾

1. 设光滑曲面 $z=f(x,y)$ 在 xOy 面上的投影区域为 D_{xy}，则以曲面 $z=f(x,y)$ 为顶，D_{xy} 为底的曲顶柱体的体积 $V=$ _____.

2. 设光滑曲面 $z=f(x,y)$ 在 xOy 面上的投影区域为 D_{xy}，则该曲面的面积 $S=$ _____.

二、典型习题强化练习

1. 求球体 $x^2+y^2+z^2 \leqslant 4a^2$ 被圆柱面 $x^2+y^2=2ax(a>0)$ 所截得的（含在圆柱面内的部分）立体的体积.

2. 求由抛物面 $z=x^2+y^2$ 与球面 $x^2+y^2+z^2=6(z\geqslant0)$ 所围立体的表面积.

单元测试 12

1. 设 D 由 $\dfrac{1}{4} \leqslant x^2 + y^2 \leqslant 1$ 确定,若 $I_1 = \iint\limits_D \dfrac{1}{x^2 + y^2} \mathrm{d}\sigma$,$I_2 = \iint\limits_D (x^2 + y^2) \mathrm{d}\sigma$,$I_3 = \iint\limits_D \ln(x^2 + y^2) \mathrm{d}\sigma$,则 I_1, I_2, I_3 的大小顺序为(　　).

    A. $I_1 < I_2 < I_3$ B. $I_1 < I_3 < I_2$ C. $I_2 < I_3 < I_1$ D. $I_3 < I_2 < I_1$

2. 设 D 是由 x 轴和 $y = \sin x \, (x \in [0, \pi])$ 所围成的,则积分 $\iint\limits_D y \mathrm{d}\sigma = ($).

    A. $\dfrac{\pi}{6}$ B. $\dfrac{\pi}{4}$ C. $\dfrac{\pi}{3}$ D. $\dfrac{\pi}{2}$

3. 若积分区域 D 由 $x + y \leqslant 1, x \geqslant 0, y \geqslant 0$ 确定,且 $\displaystyle\int_0^1 f(x) \mathrm{d}x = \int_0^1 x f(x) \mathrm{d}x$,则 $\iint\limits_D f(x) \mathrm{d}x \mathrm{d}y = ($).

    A. 2   B. 0   C. $\dfrac{1}{2}$ D. 1

4. 设 D 由 $|x| \leqslant 1, |y| \leqslant 1$ 确定,则 $\iint\limits_D x \mathrm{e}^{\cos xy} \sin xy \mathrm{d}x \mathrm{d}y = ($).

    A. 0   B. e   C. 2   D. $\mathrm{e} - 2$

5. 已知 D 是由 $a \leqslant x \leqslant b, 0 \leqslant y \leqslant 1$ 所围成的区域,且 $\iint\limits_D y f(x) \mathrm{d}x \mathrm{d}y = 1$,则 $\displaystyle\int_a^b f(x) \mathrm{d}x = $ _____.

6. 设 D 由 $\dfrac{x^2}{4} + y^2 \leqslant 1$ 确定,则 $\iint\limits_D \mathrm{d}x \mathrm{d}y = $ _____.

7. 交换积分次序:$\displaystyle\int_{-1}^2 \mathrm{d}y \int_{y^2}^{y+2} f(x, y) \mathrm{d}x = $ _____.

8. 设 $f(x)$ 在 $[0, 1]$ 上连续,$\displaystyle\int_0^1 f(x) \mathrm{d}x = \sqrt{2}$,则 $\displaystyle\int_0^1 \mathrm{d}x \int_x^1 f(x) f(y) \mathrm{d}y = $ _____.

9. 设区域 D 由直线 $y=0$, $y=x$, $x=1$ 围成, 求 $\iint\limits_{D} x^2 \sin \dfrac{y}{x} \mathrm{d}x\,\mathrm{d}y$.

10. 求二重积分 $\iint\limits_{D}(x-y)\mathrm{d}x\,\mathrm{d}y$, 其中 $D=\{(x,y)\mid(x-1)^2+(y-1)^2\leqslant 2, y\geqslant x\}$.

第 13 章　曲线积分

习题 13.1

一、主要知识点回顾

1. 对弧长的曲线积分的定义.

2. 设 l 是曲线弧 L 的长度,则 $\int_L \mathrm{d}s = $ _____.

3. 积分弧段的可加性:若曲线 $L = L_1 + L_2$,则 $\int_L f(x,y)\mathrm{d}s = $ _____.

4. 在弧段 L 上,有 $f(x,y) \leqslant g(x,y)$,则 $\int_L f(x,y)\mathrm{d}s$ _____ $\int_L g(x,y)\mathrm{d}s$.

5. 设 $f(x,y)$ 在曲线弧 L 上连续:

(1) 若 L 由参数方程 $\begin{cases} x = \varphi(t), \\ y = \psi(t) \end{cases}$ $(\alpha \leqslant t \leqslant \beta)$ 给出,其中 $\varphi(t), \psi(t)$ 在 $[\alpha, \beta]$ 上具有一阶连续导数,且 $\varphi'^2(t) + \psi'^2(t) \neq 0$,则

$\int_L f(x,y)\mathrm{d}s = $ _____.

(2) 若 L 的方程为 $y = \psi(x), a \leqslant x \leqslant b$,则

$\int_L f(x,y)\mathrm{d}s = $ _____.

(3) 若 L 的方程为 $x = \varphi(y), c \leqslant y \leqslant d$,则

$\int_L f(x,y)\mathrm{d}s = $ _____.

二、典型习题强化练习

1. 设 L 是从点 $O(0,0,0)$ 经点 $A(1,1,1)$ 到点 $B(1,1,-1)$ 的折线段,则 $\int_L \mathrm{d}s = $ _____.

2. 设 $f(x)$ 是连续函数且 $f(1) = \dfrac{1}{2}$,则 $\int_{x^2+y^2=1} [x + f(x^2+y^2)]\mathrm{d}s = $ _____.

3. 设 L 为圆周 $x^2 + y^2 = 1$,L_1 为该圆周在第一象限的部分,则(　　).

A. $\int_L x\,\mathrm{d}s = 4\int_{L_1} x\,\mathrm{d}s$ 　　　　　　B. $\int_L y\,\mathrm{d}s = 4\int_{L_1} y\,\mathrm{d}s$

C. $\int_L x^2\sin y\,\mathrm{d}s = 4\int_{L_1} x^2\sin y\,\mathrm{d}s$ 　　D. $\int_L x^2\cos y\,\mathrm{d}s = 4\int_{L_1} x^2\cos y\,\mathrm{d}s$

4. 计算积分 $\int_L \sqrt{y}\,\mathrm{d}s$,其中 L 是曲线 $y=x^2$ 上介于 $(0,0)$,$(1,1)$ 之间的一段弧.

5. 计算 $\int_L x\sin y\,\mathrm{d}s$,其中 L 为 $x=3t$,$y=t\,(0\leqslant t\leqslant\pi)$.

6. 计算 $\oint_L \mathrm{e}^{\sqrt{x^2+y^2}}\,\mathrm{d}s$,其中 L 是 $y=\sqrt{a^2-x^2}$,$y=x$ 与 $y=0$ 所围扇形区域的边界.

习题 13.2

一、主要知识点回顾

1. 对坐标的曲线积分的定义.

2. 设 L 是有向曲线弧，L^- 是与 L 方向相反的曲线弧，则

$$\int_{L^-} P(x,y)\mathrm{d}x + Q(x,y)\mathrm{d}y = \underline{\hspace{6cm}}.$$

3. 设 L 由 L_1 和 L_2 两段光滑曲线组成，则

$$\int_L P(x,y)\mathrm{d}x + Q(x,y)\mathrm{d}y = \underline{\hspace{6cm}}.$$

4. 设 $P(x,y),Q(x,y)$ 在有向曲线弧 L 上连续：

(1) 若 L 的参数方程为 $\begin{cases} x=\varphi(t) \\ y=\psi(t) \end{cases} (t:\alpha \to \beta)$，其中 $\varphi(t),\psi(t)$ 在 $[\alpha,\beta]$ 上具有一阶连续导数，且 $\varphi'^2(t)+\psi'^2(t)\neq 0$，则

$$\int_L P(x,y)\mathrm{d}x + Q(x,y)\mathrm{d}y = \underline{\hspace{6cm}}.$$

(2) 若 L 的方程为 $y=\psi(x),x:a \to b$，则

$$\int_L P(x,y)\mathrm{d}x + Q(x,y)\mathrm{d}y = \underline{\hspace{6cm}}.$$

(3) 若 L 的方程为 $x=\varphi(y),y:c \to d$，则

$$\int_L P(x,y)\mathrm{d}x + Q(x,y)\mathrm{d}y = \underline{\hspace{6cm}}.$$

二、典型习题强化练习

1. 设 L 为 $x+y=1$ 上从点 $A(1,0)$ 到点 $B(0,1)$ 的直线段，则 $\int_L (x+y)\mathrm{d}x - \mathrm{d}y = $ _____.

2. 设 L 为曲线 $y=\sqrt{2x-x^2}$ 上自点 $B(1,1)$ 到原点 $O(0,0)$ 的一段弧，则 $\int_L y\mathrm{d}x = $ _____.

3. 设 L 为沿右半圆周 $x=\sqrt{1-y^2}$ 从点 $A(0,-1)$ 经点 $B(1,0)$ 到点 $C(0,1)$ 的路径，L_1 为 L 上从点 B 到点 C 的路径，则积分 $\int_L |y|\mathrm{d}x + y^3\mathrm{d}y$ 等于(　　).

A. 0

B. $2\int_{L_1} |y|\mathrm{d}x + y^3\mathrm{d}y$

C. $2\int_{L_1} |y|\mathrm{d}x$

D. $2\int_{L_1} y^3\mathrm{d}x$

4. 计算 $\int_{(0,0)}^{(1,1)} xy\,\mathrm{d}x + (y-x)\,\mathrm{d}y$，沿着曲线：(1) $y=x$；(2) $y=x^2$；(3) $y^2=x$.

5. 计算 $\oint_L \dfrac{y\,\mathrm{d}x - x\,\mathrm{d}y}{x^2+y^2}$，其中 L 为圆周 $x=a\cos t, y=a\sin t$.

习题 13.3

一、主要知识点回顾

1. 格林公式:设闭区域 D 由分段光滑的曲线 L 围成,函数 $P(x,y)$ 及 $Q(x,y)$ 在 D 上具有 _____ ,则 $\oint_L P(x,y)\mathrm{d}x + Q(x,y)\mathrm{d}y = $ _____ ,其中 L 是 D 的取 _____ 的边界曲线.

2. 用曲线积分表示闭区域 D 的面积 $S_D = $ _____ .

3. 设区域 D 是一个单连通区域,函数 $P(x,y)$ 及 $Q(x,y)$ 在 D 内具有一阶连续偏导数,则下列命题等价:

(1) $\dfrac{\partial P}{\partial y} = \dfrac{\partial Q}{\partial x}$ 在 D 内处处成立.

(2) 对 D 内任一条分段光滑的闭曲线 L 有 $\oint_L P\mathrm{d}x + Q\mathrm{d}y = $ _____ .

(3) 曲线积分 $\displaystyle\int_{AB} P\mathrm{d}x + Q\mathrm{d}y$ 在 D 内只与起点 A 和终点 B 有关,与连接点 A 和点 B 的 _____ 无关.

(4) 表达式 $P\mathrm{d}x + Q\mathrm{d}y$ 在 D 内是某个二元函数 $u(x,y)$ 的全微分,即 $\mathrm{d}u = $ _____ .

二、典型习题强化练习

1. L:曲线 $(x-1)^2 + (y-4)^2 = 9$ 的正向,则 $\oint_L (y-x)\mathrm{d}x + (3x+y)\mathrm{d}y = $ _____ .

2. 设 L 为下列曲线所围有界闭区域的边界曲线的正向,则可直接使用格林公式计算曲线积分 $\oint_L \dfrac{x\mathrm{d}x + y\mathrm{d}y}{x^2 + y^2}$ 的是(　　).

A. $x^2 + y^2 = 1$ B. $(x-1)^2 + y^2 = 2$

C. $3(x-1)^2 + y^2 = 2$ D. $|x| + |y| = 1$

3. 利用格林公式计算 $\oint_L -x^2 y\mathrm{d}x + xy^2\mathrm{d}y$,其中 L 为沿圆周 $x^2 + y^2 = a^2$ 正向一圈的路径.

4. 利用格林公式计算 $\int_L (e^x \sin y - ny) dx + (e^x \cos y - mx) dy$，其中 L 是由点 $O(0,0)$ 到点 $A(a,0)$ 的上半圆周 $x^2 + y^2 = ax (y \geqslant 0, a > 0)$.

5. 证明曲线积分 $\int_L (1 + x e^{2y}) dx + (x^2 e^{2y} - y) dy$ 与积分路径无关，其中 L 是从点 $O(0,0)$ 到点 $A(2,2)$ 的弧段，并计算其值.

6. 验证 $4(x^2 - y^2)(x\,\mathrm{d}x - y\,\mathrm{d}y)$ 为某一函数的全微分,并求其原函数.

*7. 计算 $\oint_L \dfrac{x\,\mathrm{d}y - y\,\mathrm{d}x}{x^2 + y^2}$,其中 L 分别为:(1) 任何不含原点的闭曲线;(2) 以 $(0,0)$ 为圆心的任何圆周.

单元测试 13

1. L 为圆周 $x^2 + y^2 = R^2 (R > 0)$ 在第一象限的部分，则 $\int_L e^{\sqrt{x^2+y^2}} ds =$ ＿＿＿＿＿.

2. 求 $\oint_L -y dx + x dy =$ ＿＿＿＿＿，其中 L 是圆周 $(x-1)^2 + (y-1)^2 = 1$ 正向一周.

3. 计算曲线积分 $I = \int_L (x^2 + y^2) ds$，其中 L 是圆心在 $(R, 0)$，半径为 R 的上半圆周.

4. 计算 $\int_\Gamma x dx + y dy + (x + y - 1) dz$，$\Gamma$ 为点 $A(2,3,4)$ 至点 $B(1,1,1)$ 的空间有向线段.

5. 计算 $\int_L (x^2 + 2xy)\mathrm{d}x + (x^2 + y^4)\mathrm{d}y$，其中 L 为由点 $O(0,0)$ 到点 $B(1,1)$ 的曲线弧 $y = \sin\dfrac{\pi x}{2}$.

6. 验证 $(4x^3y^3 - 3y^2 + 5)\mathrm{d}x + (3x^4y^2 - 6xy - 4)\mathrm{d}y$ 是否为某一函数 $u(x,y)$ 的全微分；若是，求出 $u(x,y)$.